“十四五”职业教育国家规划教材

中等职业教育餐饮类专业核心课程教材

MAKING COLD DISHES

冷菜制作与艺术拼盘

（第3版）

主　编　周煜翔

副主编　吕增利　张　哲　张　玉　叶　剑

旅游教育出版社

·北京·

图书在版编目（CIP）数据

冷菜制作与艺术拼盘 / 周煜翔主编. -- 3版. -- 北京 : 旅游教育出版社, 2023.8（2024.12重印）
“十四五”职业教育国家规划教材
ISBN 978-7-5637-4583-8

Ⅰ. ①冷… Ⅱ. ①周… Ⅲ. ①凉菜－制作－职业教育－教材②凉菜－造型－职业教育－教材 Ⅳ. ①TS972.114

中国国家版本馆CIP数据核字(2023)第135631号

“十四五”职业教育国家规划教材
中等职业教育餐饮类专业核心课程教材
冷菜制作与艺术拼盘
（第3版）
主编　周煜翔
副主编　吕增利　张哲　张玉　叶剑

策　　划	景晓莉
责任编辑	景晓莉
出版单位	旅游教育出版社
地　　址	北京市朝阳区定福庄南里1号
邮　　编	100024
发行电话	（010）65778403　65728372　65767462（传真）
本社网址	www.tepcb.com
E-mail	tepfx@163.com
排版单位	北京旅教文化传播有限公司
印刷单位	唐山玺诚印务有限公司
经销单位	新华书店
开　　本	787毫米 × 1092毫米　1/16
印　　张	8.25
字　　数	91千字
版　　次	2023年8月第3版
印　　次	2024年12月第2次印刷
定　　价	39.80元

（图书如有装订差错请与发行部联系）

目录

第一篇　中餐冷菜烹调方法（冷制冷吃）

第二篇 中餐冷菜烹调方法（热制冷吃）

第三篇　中餐冷菜烹调方法（艺术拼盘）

书中彩图
在线欣赏

冷菜制作

西芹凤尾

酱香萝卜片

白斩鸡

猪皮冻

脆皮乳鸽

艺术拼盘

黄瓜塔

雄鸡报晓

雄鹰展翅

第3版出版说明

此教材再版之际，正值中国共产党第二十次全国代表大会胜利闭幕之时。

为贯彻落实党的二十大精神，按照教育部教材局和职业教育与成人教育司要求，我社在前期根据专家审读意见和各省教材排查问题清单、修改完善教材的基础上，结合教材有关内容，及时全面准确体现党中央的最新要求，进一步修改完善了“十四五”职业教育国家规划参评教材、参加复核的“十三五”职业教育国家规划教材，加快推进党的二十大精神进教材，进课堂，进头脑。

首先，落实“立德树人根本任务”进教材。充分发挥教材的思政作用，推进思想政治教育与专业课教材的一体化建设，推动理想信念教育常态化发展，把社会主义核心价值观教育融入教材编写中。具体落实时，或按照中等职业教育旅游类和餐饮类专业不同服务岗位的职责特点、工作内容，在教材中新增“思政教学资源”模块，融入爱国、敬业、诚信、友善等社会主义核心价值观教育，设计了中国服务者宣言；热爱专业，创新奋进；服务业中的劳模；职校生的责任担当；幸福都是奋斗出来的；一起向未来等思政专题。或新增“教学及考核建议”“考核标准”，特别增加德育考核指标，把课程思政的功能和作用充分体现在专业课教材的编写中，培养造就大批德才兼备的高素质人才。

其次，落实“制度自信、文化自信”进课堂。充分发挥旅游业服务国家“高水平对外开放”的功能和作用，响应国家从以制造业为主的开放扩展到以服务业为重点的开放政策，将教材的编写与开发重点放在培养面向高水平对外开放的旅游服务人才上，开发了《西餐制作》《西式面点制作》《西餐原料与营养》《热菜制作》《冷菜制作与艺术拼盘》《食品雕刻》《酒水服务》《饭店服务情境英语》《导游讲解》《旅游服务礼貌礼节》《旅游概论》等外向型专业课精品教材：或增设“思政教学资源”学习模块，设计了从中国饭店业的发展历程看中国改革开放的伟大成就、中国传统文化中的匠人精神等思政专题；或精选了与教材主题相关的中国非物质文化遗产、红色旅游文化、革命传统文化、餐饮文化、古诗词、礼仪之邦的待客之道等内容，有机融入中华优秀传统文化、革命传统、民族团结、健康中国及生态文明教育，努力构建中国特色话语体系；或把对传统文化的审美融入菜品制作中，体现了教材的思想性、艺术性和适用性，教育学生自信自强、守正创新。

最后，落实“工匠精神和劳模精神”进头脑。重新梳理了旅游类和餐饮类专业的课程设计思路，将工作岗位要求具备的职业意识、职业道德、职业行为规范、创新精神和实践能力等内容融入从“原料选择”到“加工成型”等岗位工作过程中，再按照“由简单到复杂”的认知规律设计学习情境、组成课程内容，每个学习情境都是一个完整的工作过程。这一过程不仅包括了对学生职业技能的培养，更包含了对学生专业精神、职业精神、工匠精神和劳模精神潜移默化的培养。在部分教材中穿插设计“思政教学资源”学习模块，内容涉及凡事预则立，不预则废；让工匠精神照亮职业生涯；劳模精神、劳动精神、工匠精神的深刻内涵；发扬“三牛”精神；服务也需要创新意识；职校生的管理思维等思政专题，把工匠精神和劳模精神武装进头脑。

前期根据专家审读意见和各省教材排查问题清单，我社组织教材编写人员及相关编辑及时制订修改计划，逐条落实专家意见，对《冷菜制作与艺术拼盘》教材进行了较大幅度完善。

第一，课程前新增“教学及考核建议”，让学生通过“独立地获取信息”“独立地制订计划”“独立地实施计划”“独立地评价计划”，在动手实践中掌握职业技能和专业知识，构建属于自己的经验和知识体系；通过行动导向教学方法的实施，让学生学会学习、学会工作、学会计划与评估，培养学生的方法能力；通过小组学习的方式，要求学生学会与他人共处、学会做人，在学习过程中培养自己的社会能力。

第二，在每篇篇首新增“考核标准”及48道冷菜的“分项考核标准”，特别增加德育考核指标，让学生在掌握专业技能的同时，感知每一道冷菜制作背后的专业精神、职业精神、工匠精神和劳模精神，充分发挥课程思政的功能和作用。

第三，根据专家意见，拍摄完成5种冷菜制作技法和3个艺术拼盘教学视频，对中餐冷菜及艺术拼盘的制作过程及注意事项进行了示范。时机成熟时将对其余11种冷菜制作技法进行拍摄。通过配套教学资源的逐步完善，我们力求为学生提供多层次、全方位的立体学习环境，使学习者的学习不再受空间和时间的限制，从而推进传统教学模式向主动式、协作式、开放式的新型高效教学模式转变。

第四，根据专家意见，在每篇篇首对本篇涉及的冷菜制作基础知识及主要技能技法进行了归纳总结，内容包括冷制冷吃中餐冷菜基础知识及主要技能技法、热制冷吃中餐冷菜基础知识及主要技能技法，以及中餐冷菜艺术拼盘基础知识及主要技能技法。

第五，根据专家意见，本版将由单色印刷改为彩色印刷，以提升读者的阅读体验感。

本教材秉承做学一体能力养成的课改精神，适应项目学习、模块化学习等不同学习要求，注重以真实生产项目、典型工作任务等为载体组织教学单元。

教材以“篇”布局，围绕中餐冷菜烹调方法（冷制冷吃）、中餐冷菜烹调方法（热制冷吃）、中餐冷菜烹调方法（艺术拼盘）共3篇22个学习模块，对34道冷菜及14个艺术拼盘的制作进行了细致的示范讲解。其中，冷菜制作涉及16个模块，分别为拌，炝，腌，醉，糟，泡等烹调方法，以及盐水煮，白煮，卤，酱，冻、卷，酥炸、脱水，炸收、卤浸，腊、风，熏、糖粘，烤等烹调方法。艺术拼盘共6个模块，包括几何图案造型、植物造型、山水景观造型、器物造型、动物造型及多碟组合造型。每道菜品按知识要点、准备原料、技能训练、拓展空间、温馨提示五部分展开写作。知识要点部分，主要介绍了基础知识和必备工具；准备原料部分，罗列了完成每一道菜品所需的主辅料；技能训练部分，按操作流程进行讲解，分步骤阐述技能操作的先后顺序、标准及要点；拓展空间部分，为满足学生个性化需求准备了小技能或小知识；温馨提示部分，总结了为降低学习成本而建议采用的替换原料及其他注意事项。

本教材既可作为中职院校学生的专业核心课教材，也可作为岗位培训教材。

旅游教育出版社

2023年7月

第2版出版说明

《冷菜制作与艺术拼盘》是在2008年首版《冷菜制作与艺术拼盘教与学》基础上改版而来，自出版以来，连续加印、不断再版。2020年，改版后的《冷菜制作与艺术拼盘》入选“十三五”职业教育国家规划教材。

为满足中等职业教育旅游类和餐饮类专业人才的培养需求，贯彻落实《职业教育提质培优行动计划（2020—2023年）》和《职业院校教材管理办法》精神，我们对《冷菜制作与艺术拼盘》进行了修订。此次修订，主要根据中餐岗位实操需要，选择典型工作任务拍摄制作了8个教学微视频，内容涉及冷菜制作和艺术拼盘。通过观看教学微视频，能够更直观地把教学重难点讲解到位，提高学生对专业知识的理解能力和动手能力。

概括起来，第2版教材主要按以下要求修订：

（一）以马克思列宁主义、毛泽东思想、邓小平理论、“三个代表”重要思想、科学发展观、习近平新时代中国特色社会主义思想为指导，有机融入中华优秀传统文化、革命传统、法治意识和国家安全、民族团结以及生态文明教育，弘扬劳动光荣、技能宝贵、创造伟大的时代风尚，弘扬精益求精的专业精神、职业精神、工匠精神和劳模精神，努力构建中国特色、融通中外的概念范畴、理论范式和话语体系，防范错误政治观点和思潮的影响，引导学生树立正确的世界观、人生观和价值观，努力成为德智体美劳全面发展的社会主义建设者和接班人。

（二）内容科学先进、针对性强，公共基础课程教材要体现学科特点，突出职业教育特色。专业课程教材要充分反映产业发展最新进展，对接科技发展趋势和市场需求，及时吸收比较成熟的新技术、新工艺、新规范等。

（三）符合技术技能人才成长规律和学生认知特点，对接国际先进职业教育理念，适应人才培养模式创新和优化课程体系的需要，专业课程教材突出理论和实践相统一，强调实践性。适应项目学习、案例学习、模块化学习等不同学习方式要求，注重以真实生产项目、典型工作任务、案例等为载体组织教学单元。

（四）编排科学合理、梯度明晰，图文并茂，生动活泼，形式新颖。名称、名词、术语等符合国家有关技术质量标准和规范。

（五）符合知识产权保护等国家法律、行政法规，不得有民族、地域、性别、职业、年龄歧视等内容，不得有商业广告或变相商业广告。

第 2 版修订情况对照表

序号	第 1 版		第 2 版修订情况		
	页码	内容	页码	内容	修订原因
1	001	前言	001	新增第 2 版说明	对教材的修订情况、定位、内容简介等进行了说明
2	001	前言	001	改写第 1 版出版说明、将二维码统一放至全书最后	全书统一格式
3		后记	107	调整后记	增加再版作者分工
4			109	新增二维码资源介绍及二维码	全套书统一格式
5			110	新增西芹凤尾、酱香萝卜片、猪皮冻、白斩鸡、脆皮乳鸽 5 道冷菜，以及黄瓜塔、雄鸡报晓、雄鹰展翅 3 道拼盘的教学微视频资源	突出理论和实践相统一，强调实践性

本教材既可作为中职院校学生的专业核心课教材，也可作为岗位培训教材。

旅游教育出版社

2022 年 11 月

第1版出版说明

2005年，全国职教工作会议后，我国职业教育处在了办学模式与教学模式转型的历史时期。规模迅速扩大、办学质量亟待提高成为职业教育教学改革和发展的重要命题。

站在历史起跑线上，我们开展了烹饪专业及餐饮运营服务相关课程的开发研究工作，并先后形成了烹饪专业创新教学书系，以及由中国旅游协会旅游教育分会组织编写的餐饮服务相关课程教材。

上述教材体系问世以来，得到职业教育学院校、烹饪专业院校和社会培训学校的一致好评，连续加印、不断再版。2018年，经与教材编写组协商，在原有版本基础上，我们对各套教材进行了全面完善和整合。

上述教材体系的建设为中等职业教育旅游类和餐饮类专业核心课程教材的创新整合奠定了坚实的基础，中西餐制作及与之相关的酒水服务、餐饮运营逐步实现了与整个产业链和复合型人才培养模式的紧密对接。整合后的教材将引导读者从服务的角度审视菜品制作，用烹饪基础知识武装餐饮运营及服务人员头脑，并初步建立起菜品制作与餐饮服务、餐饮运营相互补充的知识体系，引导读者用发展的眼光、互联互通的思维看待自己所从事的职业。

首批出版的中等职业教育旅游类和餐饮类专业核心课程教材主要有《热菜制作》《冷菜制作与艺术拼盘》《食品雕刻》《中式面点制作》《西式面点制作》《西餐制作》《西餐烹饪英语》《西餐原料与营养》《酒水服务》共9个品种，以后还将陆续开发餐饮业成本控制、餐饮运营等品种。

为便于老师教学和学生学习，本套教材同步开发了数字教学资源。

旅游教育出版社

2019年1月

教学及考核建议

“冷菜制作与艺术拼盘”是中等职业教育餐饮类专业核心课程，本教材需232课时（含拓展空间部分灵活把握的64课时），供2年使用，教材使用者可根据需要和地方特色增减课时。

教材以学生为中心，以项目为载体，实施“教、学、做”一体化教学模式及考核模式。在教学中教师与学生互动，让学生通过“独立地获取信息”“独立地制订计划”“独立地实施计划”“独立地评价计划”，在动手实践中掌握职业技能和专业知识，构建属于自己的经验和知识体系，培养学生的专业技能；通过行动导向教学方法的实施，让学生学会学习、学会工作、学会计划与评估，培养学生的方法能力；通过小组学习的方式，要求学生学会与他人共处、学会做人，在学习过程中培养自己的社会能力。

本课程采用“教、学、做一体”的教学模式，以项目为单位，每学习完一个项目即进行与项目相关的考核。考核方法多元化，小组互测、教师考核等多种方法相结合。考核成绩按大纲要求按比例计入总成绩。其中，学生自评占20%，教师理论考核占30%，教师实操考核占50%。

教学目标

1. 能熟练掌握各类冷菜的制作流程。

2. 能熟练使用冷菜厨房的设施设备，并能及时妥善保养。

3. 操作时养成良好的成本管理习惯。

4. 养成服务意识与团队合作意识。

5. 学会举一反三，培养创新意识。

德育目标

1. 能塑造良好的形体形象，具有健康的体魄。

2. 具有良好的职业道德，能进行职业生涯规划。

3. 具有较强的自我心理调节能力。

4. 具有适应岗位转换和进行职业拓展的能力。

教学方法

1. 基于工作岗位，将职业意识和职业道德培养潜移默化地用于教学设计中。

2. 集中式“教、学、做”一体的现场教学方法。

3. 讲授法、演示法、任务驱动教学法。

4. 自主探究、合作式学习。

5. 实操综合能力测试。

课时安排

1. 理论课：20%。

2. 实操课：80%。

第一篇

中餐冷菜烹调方法（冷制冷吃）

学习导读

本篇学习的是冷制冷吃基础冷菜的制作方法。这类冷菜主要用拌、炝、腌、醉、糟、泡6类烹调方法制成。

本篇根据上述6类烹调方法分为6个学习模块，所涉及的工作模块要在与酒店厨房一致的实训环境中完成。学生通过实际操作，能够初步体验冷菜厨房的工作环境；能够按照冷菜厨房岗位的工作流程完成学习任务，并在工作中逐渐培养合作意识、安全意识及卫生意识。

考核标准

项目	标准	分值
德育	培养合作意识和团队精神	25
	节约用料，能养成良好的成本管理习惯	
	熟知食品卫生安全要求	
理论	了解冷菜厨房的功能及组织结构	25
	了解冷菜制作的特点	
	能合理选用冷菜原材料	
技能	熟练掌握各类冷制冷吃冷菜的操作流程	50
	能熟练使用冷菜厨房的设施设备	
	掌握冷菜冷制冷吃原料的初加工方法	
	掌握相关食材的入味技巧	
	点缀适当、装饰美观	

冷制冷吃中餐冷菜基础知识及主要技能技法

冷菜（英文名：Cold Dishes），因多数都是凉食，故俗称冷盘、凉菜。就餐时，一般最先上冷菜，起到开胃的作用。

在传统中餐厨房中，冷菜制作分为冷制冷吃和热制冷吃两种，它是具有独特风格、讲究拼摆造型艺术的菜肴制作技艺。

（一）中餐冷菜厨房的组织结构

中餐冷菜厨房的组织结构与其他类型的厨房构成基本一致，主要由厨师、领班、主管、厨师长等组成，其组成和人员结构根据厨房规模大小而有所不同。中小型厨房由于规模小，人员少，分工较粗糙，厨师可能身兼数职。大型厨房规模大，部门全，组织机构复杂。

（二）中餐冷菜厨房的工作内容

传统中餐冷菜厨房的工作职能包括加工、择洗肉类和蔬菜；制作冷菜需要的酱汁；对部分食材进行初步熟处理；使用净料制作冷菜；为其他厨房加工制作装饰品和调味汁等。

（三）中餐冷菜制作的特点

冷菜制作是一门烹调艺术，其选料精细、营养丰富、味美爽口、清凉开胃、爽口不腻、讲究刀工、技法独特、摆盘美观、拼摆有型。

冷菜切配的原料大都可直接食用，因此其与热菜烹调有着严格区别，不仅要求原料新鲜，而且在加工和制作过程中更要严格按照操作规范，时刻注意保证食品卫生与安全。

随着人们生活水平的不断提高，冷菜原料也从过去简单的少数几样原料发展为畜禽肉、水产、蛋类、蔬菜、水果、奶酪、干果等多种原料齐头并进。各种开胃小吃和各种冷肉菜肴往往选用鱼、虾、禽类和肉等原料制作，具有很高的营养价值；而各种植物类原料，如番茄、草莓和其他蔬菜水果等，是维生素和矿物质的主要来源。

（四）中餐冷菜冷制冷吃的烹调方法

本篇学习的是冷制冷吃基础冷菜的制作方法。这类冷菜主要用拌、炝、腌、醉、糟、泡 6 类烹调方法制成。

1. 拌：就是把生的或者煮熟的烹饪原料，经刀工处理后用调味品进行浸渍并调拌均匀的制作方法。拌又分为生拌、熟拌和混合拌。

2. 炝：就是将花椒油加热到七八成热后调入相关调味品，趁热浇到丁状、丝状等小型原料上，立即加盖密封，让调料的味渗入原料中的一种烹调方法。炝又分为滑炝、普通炝和特殊炝。

3. 腌：就是将原料用以盐为主的调味品搅拌、擦抹或浸渍，以排出原料内部的水分和异味，便于原料入味的一种菜肴的制作方法。腌又分为盐腌、糖腌、醉腌。

4. 醉：是指以高粱酒或其他优质白酒、盐为主要调料制成卤汁，浸泡原料的一种烹调方法。醉又分为生醉和熟醉；红醉和白醉。

5. 糟：是指将原料用盐、糟卤等调料浸渍使食品成熟的一种烹调方法。糟又分为生糟和熟糟；红糟、香糟和油糟。

6. 泡：是指以新鲜蔬菜及时令水果为原料，经初步加工，用清水洗净晾干，不用加热，直接放入泡菜卤水中泡制成熟的一种食品制作方法。泡又分为甜泡和咸泡。

冷制冷吃类菜肴制作考核标准		
拌	生拌 莴笋丝	刀工精细，长短粗细均匀；色泽绿翠，装盘饱满；口感脆嫩，咸淡适中；15 分钟内完成
	熟拌 红油花腱	厚薄均匀；成品油亮；口感滑嫩，装盘饱满；30 分钟内完成
	混合拌 怪味鸡片	鸡片、黄瓜片厚薄均匀、刀工好；怪味突出，装盘饱满；20 分钟内完成
炝	滑炝 滑炝腰丝	切丝均匀；滑嫩爽脆；装盘美观；40 分钟内完成
	普通炝 虾仁炝西芹	色泽美观；炝虾味浓；搭配合理；装盘饱满；45 分钟内完成
	特殊炝 南乳炝虾	虾处理得干净无异味；乳汁口感好；装盘美观；30 分钟内完成

续表

腌	盐腌 辣莴笋	色泽红绿；脆嫩爽口；咸淡酸辣适口；40 分钟内完成
	糖腌 冰糖银耳	银耳片状整齐，色泽洁白；酸甜适口；装盘美观；40 分钟内完成
醉	生醉 醉虾	鲜虾清洗彻底、无异味；味碟适口，出菜迅速；20 分钟内完成
	熟醉 醉冬笋	色泽洁白，刀工均匀；酒香浓郁，装盘美观；45 分钟内完成
糟	生糟 香糟蛋	糟香浓郁，色泽纯净，口感好；45 分钟内完成
	熟糟 红糟鸡	糟香浓郁，咸鲜爽口，装盘饱满；45 分钟内完成
泡	咸泡 泡豇豆	色泽金黄，脆嫩可口，咸酸味美；30 分钟内完成
	甜泡 泡子姜	色泽洁白，切片均匀，酸甜适口；45 分钟内完成

模块 1
拌

生拌
西芹凤尾

01
冷菜 生拌——生拌莴笋丝

知识要点

1. 拌：就是把生的或者煮熟的烹饪原料，经刀工处理后用调味品进行浸渍并调拌均匀的制作方法。

2. 拌的种类：拌菜有生拌、熟拌、混合拌。其中，生拌是指将可食性食品原料经刀工处理后，直接加入各种调味品进行拌制的一种方法。

3. 生拌的选料要求：制作冷菜时，应选择新鲜脆嫩的蔬菜、瓜果或其他可生食的食品，将其洗净、消毒。

4. 常用工具：制作冷菜的常用工具有文武刀、砧板、灶具、盆、碟、调味罐、碗、手勺、漏勺、油缸等。

准备原料

莴笋 700 克、精盐 10 克、味精 5 克、香油 20 克、蒜泥 20 克

技能训练

1. 将莴笋洗净削皮。
2. 用直刀法将莴笋切成长 6 厘米、宽 0.2 厘米左右的丝状。
3. 用精盐腌莴笋丝 5~8 分钟，再挤去水分。
4. 炒锅上火，先倒入香油烧热至 120℃，投入蒜泥煸香，倒入碗中凉凉。
5. 将香油、味精与笋丝一起拌匀即可。

拓展空间

可用此法制作凉拌黄瓜、凉拌大白菜等。

温馨提示

1. 注意观看教师将莴笋去皮清洗消毒以及切丝的刀法。
2. 切丝时，站姿要正确，不要歪斜，否则易疲劳。
3. 莴笋的选料一定要新鲜、脆嫩。
4. 用盐腌制莴笋的时间不宜过长，5~8 分钟即可，否则会失掉莴笋的清香脆嫩感。
5. 切丝的刀法要到位，莴笋丝粗细均匀、长短一致。
6. 调味品的投放要准确，拌制要均匀，装盘时要饱满美观。

02

冷菜 熟拌——红油花腱

知识要点

1. 熟拌：是指将经过焯水、煮烫、滑油、熟制后的烹饪原料加入各种

调味品进行拌制的一种方法。

2. 熟拌的原料要求：熟拌的原料多以动物原料为主，在拌制冷菜前，一定要将这些用料在沸水中焯水或在油锅中滑油以便入味。

3. 滑油：指把上浆后的原料投入四五成热的油中，以油为传热介质使原料成熟的一种方法。

准备原料

牛腱肉 500 克、香菜 50 克、精盐 5 克、味精 4 克、松肉粉少许、生粉 5 克、红油 25 克、蒜泥 5 克、姜丝 15 克、泡红椒丝 20 克、酱油 4 克、香油适量

技能训练

1. 用推拉刀法将牛腱肉切片，加入精盐、味精、松肉粉、生粉、少量红油上浆。

2. 将上浆后的牛肉投入 100℃的沸水中焯水断生，待牛肉无血水成熟后，捞出凉凉。

3. 锅上火，放入红油，投入蒜泥、姜丝，煸炒 1~2 分钟后倒出冷却，与牛腱肉、泡红椒丝、酱油、香油、精盐、味精拌均匀。

4. 将香菜洗净后切段，放入盘中，上面盖上牛腱肉即可。

拓展空间

可用此法制作麻辣马肉丝、香辣肚片等。

温馨提示

1. 给原料焯水后要立刻凉凉或放进凉开水中散热，以保持烹饪原料质地脆嫩、色泽不变。

2. 一定要把握好牛腱上浆的浓度，太稀太稠都会影响脆嫩感，应多练习。

3. 拌制时，应按先后次序投放调味品。

4. 装盘要饱满、美观。

5. 将牛腱切片时必须切断纹路，厚薄要均匀，要指导学生反复进行推拉刀法的练习。

03

冷菜 混合拌——怪味鸡片

知识要点

1. 混合拌：是指将可食性的烹饪原料按一定生熟比例配制，加入各种调味品拌制的一种方法。

2. 混合拌的要领：

（1）要掌握好生熟原料的比例，荤素搭配要合理。

（2）一定要等熟料凉透后再与生料拌在一起，加入调味品拌和，以保证原料质地脆嫩、色泽不变。

准备原料

熟鸡脯肉 200 克、黄瓜 500 克、精盐 5 克、味精 5 克、香油 15 克、豆瓣酱 25 克、花生酱 5 克、芝麻酱 5 克、酱油 20 克、蒜泥 5 克、香醋 12 克、白糖 5 克、花椒粉 2 克、葱姜末 5 克、红油 15 克、鸡汤 10 克

技能训练

1. 将黄瓜去皮去瓤，切成厚块，用盐腌制 3~5 分钟。

2. 挤去黄瓜水分，放入味精、精盐、香油搅拌均匀，放在盘中。

3. 用正刀批的刀法将熟鸡脯肉片成片状，摆放在黄瓜面上。

4. 将豆瓣酱剁碎后与花生酱、芝麻酱一并放入小碗内，用鸡汤、香油调开，再依次加入味精、酱油、蒜泥、香醋、白糖、花椒粉、葱姜末、红油、香油调成怪味汁。

5. 将怪味汁浇在鸡片上即可。

拓展空间

可用此法制作怪味猪口条、怪味羊肉、怪味牛肉等。

温馨提示

1. 调制怪味汁时，必须先用香油与少量鸡汤将豆瓣酱、花生酱、芝麻酱调匀成糊状，再加入其他调味品。

2. 要反复练习调制怪味汁。

3. 片鸡脯肉时刀法要娴熟，厚薄要均匀。

模块 2
炝

04
冷菜 滑炝——滑炝腰丝

知识要点

1. 炝：是将花椒油加热到七八成热后混入相关调味品，趁热浇到丁状、丝状等小型原料上，立即加盖密封，让调料的味渗入原料中的一种烹调方法。

2. 炝的种类：炝的种类有滑炝、普通炝、特殊炝。其中，滑炝是指将上浆的原料滑油或焯水后再炝的一种方法。

3. 炝的要领：

（1）应选择新鲜、脆嫩、符合卫生标准的原料。

（2）烹调时要掌握火候，断生即可，以保持原料制品脆嫩鲜美。

4. 常用工具：炝制菜肴的常用工具有文武刀、砧板、灶具、盆、碟、调味罐、碗、手勺、漏勺、油缸等。

准备原料

猪腰 3 个、青椒 50 克、红椒 50 克、精盐 2 克、料酒 5 克、干淀粉适量、食用油 750 克、花椒油 10 克、红油 15 克、蒜末 5 克、姜丝 3 克、味精 4 克

技能训练

1. 用平刀法将洗净后的猪腰一分为二，先去除腰内白色的油脂，再将猪腰切成丝，投入清水盆中浸泡 10 分钟。

2. 用直刀法将青椒、红椒切成丝备用。

3. 将猪腰沥干水分，加精盐、料酒、干淀粉上浆拌匀，加 25 克食用油搅拌均匀。

4. 锅上火，倒入食用油烧至四成热，放入腰丝滑油两三分钟即断生，用漏勺沥干油分。

5. 另取一锅加入清水烧沸，将青、红椒丝焯水后捞出，随即放入冷开水中冲凉，捞出晾干。

6. 将青、红椒丝与猪腰丝一同放入盘中。

7. 锅上火，放入花椒油，投入蒜末煸炒出蒜香味，加入姜丝、红油、精盐、味精、5 克汤水调成炝汁。

8. 将炝汁趁热浇在腰丝和青、红椒丝上拌匀即可。

拓展空间

用此法还可以制作滑炝鱼丝、滑炝肉丝等菜肴。

温馨提示

1. 将猪腰切丝时要力求均匀。

2. 切好猪腰后一定要放入清水中浸泡，目的是增加腰丝的脆嫩度，去除异味。

3. 猪腰要新鲜，应学会分辨不同质量的猪腰。

05

冷菜 普通炝——虾仁炝西芹

知识要点

1. 普通炝：是用沸水将原料烫至断生，再加入调味品拌制的一种方法。

2. 原料加工要领：加工原料时，丝、条、丁、块应大小一致、厚薄均匀，便于成熟。

准备原料

西芹 500 克、干虾仁 50 克、花椒油 25 克、干红椒 4 个、蒜末 4 克、生抽 1 克、精盐 1 克、味精 2 克、芥末 5 克

技能训练

1. 将西芹洗净后用刮刀刮去表皮扯出筋丝，切成菱形片，投入沸水锅

中烫至六成熟时捞出，用凉开水浸凉后捞出，沥干水分放入较深碗内。

2. 将干虾仁用温水涨发后洗净沥干水分。将干红椒切丁。

3. 锅上火，放入花椒油，投入虾仁慢火煸炒。将虾仁煸香后放入蒜末、干红椒丁、生抽、精盐、味精，趁热倒在西芹上。加盖 2 分钟后开盖，加入芥末拌匀装盘即可。

拓展空间

可用此法制作炝菠菜、炝黄瓜、炝豆角等。

温馨提示

1. 选料时，要选择新鲜、色泽青绿的西芹，及无异味、质优的干虾仁。

2. 注意观看教师示范时是如何把握火力、投料比例和烹调时间长短的。

3. 要除尽西芹筋丝，焯水时一定是沸水下锅，断生即可捞出，然后立刻用凉开水冲凉。

06

冷菜 特殊炝——南乳炝虾

知识要点

1. 特殊炝：指选用新鲜或活的动物性原料，不经过加热处理，洗净后，直接加入调味品的一种制作菜肴的方法。

2. 调味品：特殊炝所用的调味品以白酒、醋、蒜末等具有杀菌消毒功能的调味品为主。

准备原料

河虾 500 克、豆腐乳 1 块、料酒 25 克、白糖 5 克、香油 25 克、味精

1 克、蒜泥 25 克、大红浙醋 50 克、优质白酒 15 克、花椒粉 1 克、生姜 10 克、香菜 25 克

技能训练

1. 将河虾剪去须爪，洗净后放入盘内。将生姜切末待用。

2. 取一个小碗，放入豆腐乳，加入料酒、10 克汤水、白糖、香油、味精，用小勺将豆腐乳压成泥状并拌匀，制作成南乳汁放入小碟内。另取一个小碟，放入蒜泥与大红浙醋制成醋汁。

3. 将白酒淋在河虾上，拌匀，撒上花椒粉、生姜末、切段后的香菜，盖严。

4. 食用前，将碗盖揭开，蘸腐乳汁与醋汁食用。

拓展空间

可用此法制作炝河虾、炝河蟹、炝蛏子、炝海螺等。

温馨提示

1. 制作此道菜时，要注意给各种用具清洁、消毒。

2. 选用的原材料必须是新鲜、无毒、无污染的。

3. 给河虾剪除须爪时，要做到动作迅速、干净利落。

4. 南乳汁的调配比例要适当，拌制要均匀，口味要偏重。

模块 3

腌

腌
酱香萝卜片

07

冷菜 盐腌——辣莴笋

知识要点

1. 腌：是将原料用以盐为主的调味品搅拌、擦抹或浸渍，以排出原料内部的水分和异味，便于原料入味的一种菜肴制作方法。

2. 腌的种类：腌的种类有盐腌、糖腌、醉腌等。

3. 注意事项：

（1）腌制菜肴时间的长短，应根据季节、气候、原料的质地及大小而定。

（2）在制作肉类腌制品前，要先用清水泡洗，除去部分咸味和腥味。

（3）在制作蔬菜腌制品前，要先挤去水分后再制作。

（4）盐腌时，含水分少的原料要加水腌，这样便于入味，且色泽均匀；含水分多的原料可以直接用盐擦抹。

4. 腌的常用工具：腌菜的常用工具有文武刀、砧板、灶具、盆、碟、调味罐、碗、手勺、漏勺、油缸、坛等。

准备原料

莴笋 500 克、精盐 5 克、味精 5 克、红油 10 克、香油 5 克、醋适量、姜末 5 克、辣椒粉 5 克、芝麻 1 克

技能训练

1. 将莴笋去根、叶，用刀削去外皮，切成长 5 厘米、宽 2 厘米的条状。

2. 将莴笋条放入盛器内，加盐腌 15~20 分钟，挤去水分。加入味精、红油、香油、醋、姜末、辣椒粉拌均匀浸渍入味。装盘后撒上炒香的芝麻即可。

拓展空间

可用此法制作腌黄瓜、腌大白菜、腌咸鱼、腌咸肉等。

温馨提示

1. 将莴笋去皮改刀后可直接加盐腌制。

2. 腌制莴笋后，必须挤干水分，才能加入其他调味品。

3. 腌制时间的长短，应根据季节气候灵活掌握。

4. 成品口味要咸淡酸辣适中。

08

冷菜 糖腌——冰糖银耳

知识要点

1. 糖腌与盐腌的制作方法基本相同。

2. 糖腌时，水分充足的原料直接加糖腌制，水分不足的原料可以加糖水腌制。

准备原料

水发银耳 500 克、枸杞 20 粒、冰糖 50 克、白醋 25 克、老姜 3 片、盐 1 克

技能训练

1. 将涨发的银耳整理洗净，放入小碗内，入笼，蒸 1 分钟取出待用。
2. 锅上火，放入清水和盐煮沸，投入银耳煮烫 2~5 分钟后捞出凉凉。
3. 将白醋、冰糖、老姜放入锅内，制成酸甜汁凉凉。
4. 将煮烫过的银耳放入酸甜汁中浸泡。食用前装盘，撒上枸杞即可。枸杞也可放少许酸甜汁。

拓展空间

可用此法制作糖腌嫩藕、糖腌马蹄等。

温馨提示

1. 选料时，银耳以个大、色泽洁白、无异味的为佳。
2. 涨发银耳要透彻。
3. 制好酸甜汁，一定要等冷却后才能倒入原料中。
4. 酸甜汁的酸甜比例要适度。

模块 4
醉

09

冷菜 生醉——醉虾

知识要点

1. 醉：是指以高粱酒或其他优质白酒、盐为主要调料制成卤汁，浸泡原料的一种烹调方法。

2. 醉的种类：

（1）按食品原料的生熟度，可将醉制食品的方法分为生醉和熟醉。其中，生醉是指选用新鲜或活的动物性原料，不经过熟处理，直接以高粱酒或其他优质白酒、盐为主要调料制成卤汁，浸泡原料的一种烹调方法。

（2）按调味品的颜色不同，可将醉制食品的方法分为红醉和白醉。

3. 醉制食品的注意事项：

（1）原料必须新鲜、无病、无毒，符合食品卫生要求。

（2）醉制用的盛器要清洁卫生，并严格消毒。

（3）应根据原料的质地、气候状况等确定醉制时间的长短。

4. 常用工具：醉制食品的常用工具有文武刀、砧板、灶具、盆、碟、调味罐、碗、手勺、漏勺、油缸、玻璃缸等。

准备原料

海虾 300 克、曲酒或优质白酒 10 克、姜丝 20 克、葱白段 100 克、蒜丝 10 克、花椒粉 5 克、辣椒粉 5 克、盐 10 克

技能训练

1. 将海虾用清水洗净泥沙、杂质，剪去虾须虾脚，再用清水淘洗一次，盛入碗内，放入葱白段、姜丝、蒜丝，淋上优质白酒，盖上盖。

2. 净锅上火，投入花椒粉、辣椒粉、盐，用微火慢炒出香味后倒入小碟中，制成椒麻味碟。

3. 揭去虾碗盖，趁鲜活时蘸椒麻味碟食用。

拓展空间

可用此法制作醉蟹、醉螺等。

温馨提示

1. 剪除虾须、虾脚时动作要灵活快速，以保持虾的新鲜度。

2. 制作椒麻味碟时必须用微火慢炒。

3. 如客人不生食鲜虾，可在客人面前淋酒后点火，使之燃烧，改食“火焰虾”。

10

冷菜 熟醉——醉冬笋

知识要点

1. 熟醉：是指将烹饪原料制熟后投入以高粱酒或其他优质白酒、盐为主要调料制成的卤汁中，浸泡原料的一种烹调方法。

2. 红醉：是指以有色调味品、高粱酒或其他优质白酒制成卤汁浸泡原料的一种烹调方法。

3. 白醉：是指以无色调味品、高粱酒或其他优质白酒制成卤汁浸泡原料的一种烹调方法。

准备原料

冬笋500克、汾酒或五粮液酒25克、鸡汤50克、精盐5克、味精5克、白糖25克、鸡油25克

技能训练

1. 将冬笋用开水焯水熟透，捞出，放入凉开水中冷却。

2. 用直刀法将冬笋切成长3厘米、宽2厘米的片状备用。

3. 把冬笋放入容器内，加入鸡汤、精盐、味精、白糖、白酒、鸡油拌匀，用油纸封住容器口，上笼屉蒸20分钟，取出凉凉即可。

拓展空间

可用此法制作醉鸽蛋、醉鸡蛋、醉木耳、醉鸡翅等。

温馨提示

1. 给冬笋焯水时一定要焯熟焯透，否则会影响菜的品质。

2. 蒸制冬笋时，必须用油纸封口，以保证香味浓郁。

3. 将冬笋切片应做到厚薄均匀、大小一致。

思政教学资源

热爱专业，创新奋进

以热爱专业、创新奋进为主题，通过播放饭店行业从业者优秀代表或学校历届专业优秀毕业生视频，引导学生理解并自觉践行职业规范和行业荣辱观，增强职业责任感，培养遵纪守法、爱岗敬业、无私奉献、诚实守信、公道办事、开拓创新的职业品格和行为习惯。

模块 5
糟

11
冷菜 生糟——香糟蛋

知识要点

1. 糟：是指将原料用盐、糟卤等调料浸渍使食品成熟的一种烹调方法。

2. 糟的种类：

（1）按食品原料的生熟度，可将糟制食品的方法分为生糟和熟糟。其中，生糟是指选用新鲜的禽蛋或动物性原料，不经过熟处理，直接用调料浸渍，使食品成熟的一种烹调方法。

（2）根据原料不同，可将糟分为红糟、香糟、油糟。

红糟，就是用红糟与高度酒、各种调味品制成卤汁，浸渍原料使食品成熟入味的一种烹调方法。

香糟，就是用香糟与优质白酒、各种调味品制成卤汁，浸渍原料使食品成熟入味的一种烹调方法。

油糟，就是用香糟炒出糟油后，以糟油与优质白酒及调味品浸渍原料使食品成熟入味的一种烹调方法。

3. 常用工具：糟制冷菜的常用工具有文武刀、砧板、灶具、盆、碟、调味罐、碗、手勺、漏勺、油缸、坛子。

准备原料

鸡蛋 10 只、米醋 500 克、香糟 250 克、黄酒 1000 克、白糖 50 克、精盐 75 克、姜丝 50 克、葱段 50 克

技能训练

1. 选用新鲜完好的鸡蛋，洗净后放入小坛内，倒入米醋泡 30 天，使其软化，然后取出漂清、晾干。

2. 取一干净盛器，放入香糟、黄酒、白糖、精盐、姜丝、葱段调匀，静置半天，制成香糟卤汁。

3. 用纱布将香糟卤汁滤出放入一小坛内。

4. 再把软化的鸡蛋放入坛内，封好坛口，浸泡 5 天。

5. 将鸡蛋取出，上笼小火蒸熟，冷却后即可食用。

拓展空间

可用此法制作糟鹅蛋、糟鸭蛋、糟鸽蛋等。

温馨提示

1. 制作香糟卤汁的容器一定要干净，否则易生细菌。

2. 糟制的禽蛋一定不能破壳。

3. 蒸糟蛋时，一定要用小火，否则易破壳，造成蛋液外流。

4. 应学会新鲜禽蛋的鉴别方法。

5. 浸泡禽蛋时，必须密封坛口，以保持香味浓郁。

12

冷菜 熟糟——红糟鸡

知识要点

1. 熟糟：是指将原料熟制以后再进行糟制的一种方法。

2. 注意事项：熟制原料时，不宜过于酥烂，一般七成熟即可。

准备原料

笋鸡 1 只、姜片 25 克、葱 25 克、黄酒 50 克、红糟 1500 克、精盐 10 克、胡椒粉 1.5 克、味精 1.5 克

技能训练

1. 将笋鸡宰杀煺毛，去内脏后洗净，放入沸水锅中烫一两分钟，除尽血污。

2. 炒锅上火，倒入少量清水，放入鸡、姜片、葱、黄酒，烧沸后改用小火，保持微沸，并不时翻动鸡，使其均匀受热，烧至鸡熟透时即可起锅。

3. 将鸡冷却后，去头、颈、翅、腿，将鸡身剖为两片，倒入鸡汤、红糟、胡椒粉、精盐、味精，浸泡 4 小时即可。

4. 将鸡取出，改刀装盘，淋上糟卤即可。

拓展空间

可用此法制作香糟鸭、香糟鹅、香糟鹌鹑、香糟鸽子等。

温馨提示

1. 用清水煮鸡时，水沸后应马上改用小火浸煮，用筷子能插入鸡腿中无血水即为鸡熟。应尽快出锅，以保持鸡肉鲜嫩。

2. 斩件装盘时要保持鸡身完整。

3. 熟糟的鸡以选用未产蛋的母鸡为佳。

思政教学资源

中国服务者宣言

播放视频《中国服务者宣言》，将服务意识的培养与培育和践行社会主义核心价值观相结合，教育学生把国家、社会、公民的价值要求融为一体，提高个人的爱国、敬业、诚信、友善修养，引导学生树立我为人人、人人为我的职业意识，自觉把小我融入大我，不断追求国家的富强、民主、文明、和谐，将社会主义核心价值观内化为精神追求、外化为自觉行动。

模块 6
泡

13

冷菜 咸泡——泡豇豆

知识要点

1. 泡：是指以新鲜蔬菜及时令水果为原料，经初步加工，用清水洗净晾干，不用加热，直接放入泡菜卤水中泡制成熟的一种食品制作方法。

2. 泡制的种类：根据选用的调料不同，可分为甜泡、咸泡两种。其中，咸泡是指以精盐、曲酒等调味料制成卤汁，浸泡原料使之入味的一种方法。

3. 泡的注意事项：

（1）泡菜时要备有专用的泡菜坛。

（2）要将泡菜坛放在阴凉处，翻口内的水一两天要换一次，切忌污染油腻，以防发酵变质。

（3）泡制的原料要新鲜、脆嫩。

（4）应保持泡卤清洁。取拿原料时，应使用专用竹筷，不要用手和手勺取拿。

（5）泡卤如未腐败变质，可继续使用，但每次必须将泡菜捞尽，才能放入新的原料，并根据泡制次数加入适量调味品。

（6）应视季节变化和泡卤的新陈、淡浓、咸甜等因素合理确定泡制时间。一般来说，泡制时间冬季长于夏季，新卤长于陈卤，淡卤长于浓卤，咸卤长于甜卤。

4. 常用工具：泡菜常用工具有文武刀、砧板、灶具、盆、碟、调味罐、手勺、漏勺、油缸、泡坛等。

准备原料

鲜豇豆 2500 克、精盐 250、干辣椒 10 克、花椒 15 克、曲酒 120 克、冷开水 1500 克

技能训练

1. 将精盐、干辣椒、花椒同时放入泡坛内，再加入曲酒和冷开水搅拌，待精盐溶化后制成泡卤水待用。

2. 洗净豇豆，晾干后放入装有盐水的泡菜坛内，翻口内加些水，用盖盖严，夏天泡 3~4 天，冬天泡 6 天左右即可食用。

拓展空间

可用此法制作咸泡木瓜、咸泡沙梨、咸泡萝卜、咸泡佛手瓜。

温馨提示

1. 原料一定要新鲜、脆嫩。

2. 可用不同的香料或辣椒、川椒来改变口味。

3. 用老卤汁重新起泡卤，效果会更好。

14

冷菜 甜泡——泡子姜

知识要点

甜泡，是指以白糖和醋制成卤汁，浸泡原料使之入味的一种方法。

准备原料

嫩子姜 1000 克、白糖 200 克、糖精 2 克、白醋 100 克、香叶 2 克

技能训练

1. 将嫩子姜洗净，切成薄片，放在通风处晾干水分。

2. 将 50 克水、白糖、糖精烧沸后放入容器内，待全部冷却后再加入白醋，即成卤汁。

3. 将晾干的姜片放入调制好的卤汁中，同时放入香叶，上面压一个重盘，1 天左右即可食用。

拓展空间

可用此法制作甜泡嫩藕、甜泡马蹄、甜泡苦瓜。

小常识

生姜含有挥发性的姜辣素和姜油酮等物质，味道辛辣，具有健胃、发汗、祛风等作用。

温馨提示

1. 子姜必须新鲜脆嫩。
2. 必须晾干子姜片，但不能太干，否则子姜发硬，会影响口感。
3. 制作卤汁时，可根据个人需要增减调料的比例。
4. 注意鉴别子姜的老嫩。

思政教学资源

劳模精神、劳动精神、工匠精神的深刻内涵

2020年11月24日，在全国劳动模范和先进工作者表彰大会上，习近平总书记精辟概括了劳模精神、劳动精神、工匠精神的深刻内涵："在长期实践中，我们培育形成了爱岗敬业、争创一流、艰苦奋斗、勇于创新、淡泊名利、甘于奉献的劳模精神，崇尚劳动、热爱劳动、辛勤劳动、诚实劳动的劳动精神，执着专注、精益求精、一丝不苟、追求卓越的工匠精神。劳模精神、劳动精神、工匠精神是以爱国主义为核心的民族精神和以改革创新为核心的时代精神的生动体现，是鼓舞全党全国各族人民风雨无阻、勇敢前进的强大精神动力。"（《人民日报》2020年11月27日01版）

在中国传统文化语境中，工匠是对所有手工艺（技艺）人，如木匠、铁匠、铜匠等的称呼。进入现代工业社会，工匠指现代工业领域和服务领域里的新型工匠和智能技术工匠。我国要成为世界制造和服务强国，面临着从制造大国向智造大国的升级转换，技能水平直接影响着工业水准、制造水准和服务水平的提升，需要我们将中国传统文化中所蕴含的工匠文化精神在新时代条件下发扬光大。

第二篇

中餐冷菜烹调方法（热制冷吃）

学习导读

本篇学习的是热制冷吃基础冷菜的制作方法。这类冷菜主要用盐水煮，白煮，卤，酱，冻、卷，酥炸、脱水，炸收、卤浸，腊、风，熏、糖粘，烤10类烹调方法制成。

本篇根据上述10类烹调方法分为10个学习模块，所涉及的工作模块要在与酒店厨房一致的实训环境中完成。学生通过实际操作，能够初步体验冷菜厨房的工作环境；能够按照冷菜厨房岗位的工作流程完成学习任务，并在工作中逐渐培养合作意识、安全意识及卫生意识。

考核标准

项目	标准	分值
德育	能够将工匠精神、创新精神融入菜品制作中	25
	节约用料，能养成良好的成本管理习惯	
	熟知食品卫生安全要求	
理论	了解冷菜厨房的功能及组织结构	25
	掌握冷菜生产注意事项	
	能合理选用冷菜原材料	
技能	熟练掌握各类热制冷吃冷菜的操作流程	50
	能熟练使用冷菜厨房的设施设备	
	掌握冷菜热制冷吃原料的初加工方法	
	掌握相关食材的入味技巧	
	点缀适当、装饰美观	

热制冷吃中餐冷菜基础知识及主要技能技法

（一）热制冷吃中餐冷菜制作注意事项

1. 烹调：冷菜比热菜口味要稍重，具有一定刺激性，这样利于刺激味蕾，增加食欲。在调味上要突出酸、辣、咸、甜和烟熏等口味。有些荤类食材是生吃的，如虾、鱼生等。

2. 加工：冷菜制作要求切配精细，布局整齐，荤素搭配，色调美观。热菜制作一般是先切配后烹调，冷菜制作则一般为先烹调后切配。切配时要根据食物的性质灵活运用刀工，落刀的轻重要有分寸，速度要慢。

3. 装盘：摆正主菜和配菜的位置关系，上宴会的冷菜还可以用蔬菜做成的花朵进行点缀，但不能把菜摆出盘边，或把酱汁洒落在盘边。要根据冷菜的特点选用合适的器皿。

（二）热制冷吃中餐冷菜的烹调方法

本篇学习的是热制冷吃基础冷菜的制作方法。这类冷菜主要用盐水煮，白煮，卤，酱，冻、卷，酥炸、脱水，炸收、卤浸，腊、风，熏、糖粘，烤 10 类共 16 种烹调方法制成。

1. 盐水煮：是指将腌渍的原料或未腌的原料放入锅中加入盐、姜、葱、花椒等调味品，再加热成熟的一种烹调方法。

2. 白煮：是指将经过初步加工的原料放入水锅或汤锅中煮熟的一种烹调方法。

3. 卤：将经过焯水或过油后的原料，放入配有多种调味品的卤汁中用大火烧沸，再转小火煮制，使各种调味品渗透到原料内部的一种烹调方法。卤又分为红卤和白卤。

5. 酱：是将原料经过腌渍后放入卤锅中进行烹制的一种方法。酱又分为普通酱和特殊酱。

6. 冻：是指用胶质丰富的动植物原料，加入适量的汤，通过烹制、过滤等工序制成较稠的汤汁后将其倒入烹制成熟的原料中，冷却后放入冰箱冷冻，使原料与汤汁冻结在一起的一种食品制作方法。冻又分为皮冻和琼脂冻。

7. 卷：是指用中大薄形的原料做皮，卷入几种其他原料，经蒸、煮、浸泡或油炸成菜的一种烹调方法。

8. 酥炸：又称油炸，是将原料经过刀工处理后调味或加热，入油锅中炸酥成菜的一种烹调方法。酥炸又分为挂糊炸、不挂糊炸和干炸。

9. 脱水：是指将加工后的原料，区分种类分别进行油炸、蒸煮、烘炒等，再进行挤压、揉擦，促使原料脱水而成蓬松、脆香状的一种食品制作方法。

10. 炸收：又称油焖，是将经过清炸或干煸的半成品入锅，加入调料、鲜汤，用中火或小火焖烧，最后用大火收干汤汁，使成品回软入味、干香滋润、汤汁油亮的一种烹调方法。

11. 卤浸：是把原料用热油炸后，趁热浇上卤汁或以卤汁浸渍的一种烹调方法。

12. 腊：是一种原料加工处理方法，是指将动物性原料用椒盐、香料水、料酒、姜、葱等调料腌渍后，再进行晾干、烟熏等处理，使原料成为腊制品的一种食物加工方法。

13. 风：是将原料用调料腌渍后，挂在通风处，晾制一段时间后再烹熟的一种烹调方法。

14. 熏：是通过将茶叶、锅巴、红糖等物燃烧，产生焦煳浓烟，使原料成熟，以增加制品烟香味和色泽的一种烹调方法。熏又分为生熏和熟熏。

15. 糖粘：又称挂霜、上霜，是将糖和水加热溶化，待糖汁浓稠时，将加工好或制熟的原料入锅，使糖汁均匀地粘附于原料表面形成结晶的一种烹调方法。

16. 烤：又称烧烤、烘烤，是将原料经过腌渍或加工成半成品，放入烤箱或烤炉内，利用辐射的高温，把原料直接烤熟的一种烹调方法。烤又分为暗炉烤、明炉烤和烤箱烤。

热制冷吃类菜肴制作考核标准		
盐水煮	盐水煮 盐水肫	色泽红润，切片均匀；口感脆爽，装盘美观；40 分钟内完成
	盐水煮 盐水虾	色泽红亮，虾肉饱满；口感鲜美，装盘美观；40 分钟内完成
白煮	白煮 蒜泥白肉	切片均匀，色泽乳白；肥而不腻，装盘饱满；45 分钟内完成
	白煮 白切狗肉	色泽洁白，切片均匀；酸辣适口，咸鲜肉嫩；60 分钟内完成
卤	红卤 卤牛肉	色泽红润，切片均匀，软烂适宜，醇香味浓；60 分钟内完成
	白卤 卤笋鸡	原色光亮，味香浓郁，咸淡适口，装盘美观；45 分钟内完成
酱	普通酱 酱牛肉	色泽紫亮，牛肉酥烂，切片均匀，酱香味浓；60 分钟内完成
	特殊酱 蜜汁酱子排	色泽红亮，切件均匀，酱香味浓，装盘整齐；60 分钟内完成
冻、卷	冻 羊糕冻	制品晶亮，切片均匀，酥烂滑润，味醇鲜美；100 分钟内完成
	卷 如意紫菜卷	刀工均匀、形态美观、层次感强；口味鲜香、细腻，卷品有弹性；45 分钟内完成
酥炸 脱水	酥炸 油酥排骨	斩件均匀，色泽棕红，外酥里嫩，装盘美观；45 分钟内完成
	脱水 肉松	成品呈丝状，细腻松软，口感清香，色泽黄白；45 分钟内完成
炸收 卤浸	炸收 葱辣豆腐	色泽红润，刀工整齐，味道浓厚，葱香味足；25 分钟内完成
	卤浸 卤浸鱼条	刀工整齐，色泽红黄、细腻滑润、酥香味浓；45 分钟内完成
腊、风	腊 腊猪肉	色泽金黄，切片均匀，咸淡适口，香味浓郁；45 分钟内完成
	风 风鸡	斩件装盘，摆盘美观，鸡肉鲜嫩，口味醇香；45 分钟内完成
熏 糖粘	熏 熏鱼	色泽棕红，外表明亮，鱼肉熏香，肉质鲜嫩；50 分钟内完成
	糖粘 糖粘桃仁	色泽晶亮，酥脆香甜，装盘美观；40 分钟内完成
烤	暗炉烤 叉烧鸭	色泽酱红，外表油亮，外皮酥脆，鸭肉甘香，片皮均匀；90 分钟内完成
	烤箱烤 烤叉烧	色泽红润，香味浓厚，甜香不腻，装盘美观；95 分钟内完成

模块 7
盐水煮

知识要点

1. 盐水煮：是指将腌制的原料或未腌的原料放入锅中加入盐、姜、葱、花椒等调味品，再加热成熟的一种烹调方法。

2. 盐水煮注意事项：

（1）对味鲜质嫩的原料，应迟放盐，待原料即将成熟时再放盐。

（2）要掌握好水与原料的投放比例，以水没过原料为宜。

（3）质老体大的原料，应事先放入水中泡洗，去掉苦味或焯水后再煮制。

3. 常用工具：盐水煮的常用工具有文武刀、砧板、灶具、盆、碟、调味罐、手勺、漏勺、油缸等。

15

冷菜 盐水煮——盐水肫

准备原料

鸡肫 500 克、料酒 25 克、精盐 14 克、葱 20 克、姜 20 克、花椒 10 粒、桂皮 50 克、八角 2 粒、味精 2.5 克、香叶 6 片

技能训练

1. 将鸡肫洗净后加入料酒、精盐腌制 4 小时。

2. 将鸡肫投入沸水锅中焯水，然后捞出洗净。

3. 锅内倒入清水 1000 克，加入葱、姜、花椒、桂皮、八角、香叶、料酒、盐、味精，放入鸡肫，用大火烧沸后改用小火煮 15~20 分钟至熟捞出冷却。

4. 切片装盘，淋上卤汁即可。

拓展空间

可用此法制作盐水鸭、盐水水晶蹄。制作此菜肴时应注意，原料经腌制后应风干再煮制。

温馨提示

1. 腌制的时间一定要够，以保证鸡肫的蛋白质凝固不外泄，使菜品香脆。

2. 烹制时注意掌握火候，先大火烧沸，后小火浸煮。

3. 腌制过程中可根据个人需要增减各种香料和调料的比例。

16

冷菜 盐水煮——盐水虾

准备原料

新鲜大河虾 500 克、黄酒 25 克、葱结 5 克、姜 5 克、花椒 1 克、精盐 15 克、味精 1 克

技能训练

1. 将活虾剪去虾须后，反复清洗，去除泥沙与杂质。

2. 炒锅上火，放入清水 500 克，烧沸后投入虾焯水 1~3 分钟，捞出洗净。

3. 重新起锅，加水煮沸，加入黄酒、葱结、姜、花椒、精盐、味精，煮 2 分钟。

4. 除去葱、姜、花椒，投入虾烧沸 1~3 分钟，捞出冷却。

5. 逐个将虾按螺旋状装盘。

拓展空间

可用此法制作盐水花生、盐水豆腐等。

温馨提示

1. 原料与水的比例要恰当，以水没过原料为宜。
2. 煮制虾子时不能熟过头，用手轻按虾身感觉虾变硬即可。
3. 装盘要美观。
4. 选择河虾时，要求新鲜、大小均匀。

思政教学资源

服务也需要创新意识

结合习近平总书记在中国共产党第二十次全国代表大会上的报告内容，说明“服务也需要有创新意识”的重要性。

习近平总书记指出：我国的“基础研究和原始创新不断加强，一些关键核心技术实现突破，战略性新兴产业发展壮大，载人航天、探月探火、深海深地探测、超级计算机、卫星导航、量子信息、核电技术、新能源技术、大飞机制造、生物医药等取得重大成果，进入创新型国家行列。”结合中国目前部分领域科技发展现状与国际最先进水平之间存在的差距，指引学生正确认识这种差距并将其转化为奋发图强、为实现中华民族伟大复兴而努力学习的动力。同时，通过介绍中国的战略性新兴产业，以及北京 2022 年冬奥会上的“黑科技”等，增强学生的民族自信心。

模块 8
白煮

知识要点

1. 白煮：是指将经过初步加工的原料放入水锅或汤锅中煮熟的一种方法。

2. 白煮的注意事项：

（1）选料要新鲜。

（2）煮时，应将原料全部浸泡在汤水中，确保原料成熟度一致，色泽洁白。

（3）煮制原料时要沸水下锅，再改用小火加热。

（4）应根据各种原料的质地灵活掌握煮制时间。

3. 常用工具：白煮的常用工具有文武刀、砧板、灶具、盆、碟、调味罐、手勺、漏勺、油缸等。

17

冷菜 白煮——蒜泥白肉

准备原料

猪前胛肉 1000 克、葱结 10 克、姜 5 克、料酒 10 克、蒜泥 10 克、香油 10 克、精盐 5 克、味精 2.5 克、白醋 10 克、鸡汤 50 克

技能训练

1. 用刀将猪皮表面刮洗干净，洗去血污。

2. 将猪肉切成长 5 厘米、宽 5 厘米的方形，放入冷水锅中，用大火煮沸。然后加入葱结、姜块、料酒，撇去血沫，加盖，改用小火继续煮焖 30 分钟捞出冷却。

3. 取一大口碗，放入蒜泥、香油、精盐、味精、白醋，加入热鸡汤，调匀，备用。

4. 将肉改切成片，整齐排列在盘中。

5. 用小碗装好调味汁同时上桌。

拓展空间

可用此法制作白切鸭、白切鸡、白切羊等。

温馨提示

1. 选择新鲜带皮的猪前胛肉较好，肥瘦相间，以保证原料鲜嫩，表面光滑。

2. 煮沸猪肉后，一定要改小火煮焖，否则肉质会较老。

3. 应根据不同人群口味，灵活增减盐、糖、醋、蒜蓉的用量。

18

冷菜 白煮——白切狗肉

准备原料

狗后腿肉 1000 克、桂皮 50 克、八角 5 克、草果 3 粒、砂姜 10 克、香叶 5 片、姜 10 克、葱结 5 克、料酒 20 克、腐乳 2 块、泡红椒 30 克、泡子姜 30 克、香油 10 克、红油 10 克、精盐 5 克、味精 2.5 克、白糖 10 克、白醋 5 克、鸡汤 50 克、香菜 10 克

技能训练

1. 将带皮、带骨的狗后腿肉洗净，取出骨后切成长 9 厘米、宽 4 厘米的块状，投入沸水锅中，焯水 3~4 分钟捞出洗净。

2. 锅上火，加入清水，放入狗肉、桂皮、八角、草果、砂姜、香叶、姜片、葱结、料酒，烧沸。

3. 撇去血沫，加盖，改用小火继续焖煮 30~40 分钟至狗肉完全成熟后捞出，迅速用冷开水冷却。

4. 自然晾干狗肉表面的水分。

5. 将腐乳捣碎，加入泡红椒丝、泡子姜丝、香油、红油、精盐、味精、白糖、白醋、热鸡汤，放入大碗中搅拌均匀，待汤冷却后撒上香菜末即成调味汁。

6. 将狗肉切成薄片，整齐地装入盘中，取小碗味汁蘸食。

拓展空间

可用此法制作白切禽肉、白切畜肉。

温馨提示

1. 选择 1 岁以内的狗肉为最佳。

2. 煮制狗肉时，水一定要完全淹没狗肉，否则，露出部分会变黑，影响菜品质量。

3. 根据狗肉的老嫩程度，灵活掌握狗肉的煮制时间。

思政教学资源

发扬“三牛”精神

“前进道路上，我们要大力发扬孺子牛、拓荒牛、老黄牛精神，以不怕苦、能吃苦的牛劲牛力，不用扬鞭自奋蹄，继续为中华民族伟大复兴辛勤耕耘、勇往直前，在新时代创造新的历史辉煌！”迎辛丑牛年、话百年梦想，习近平主席在 2021 年春节团拜会上的重要讲话中特别勉励全党全国人民大力发扬“三牛”精神。

模块 9

卤

19

冷菜 红卤——卤牛肉

知识要点

1. 卤：是指将经过焯水或过油后的原料，放入配有多种调味品的卤汁中用大火烧沸，再转小火煮制，使各种调味渗透到原料内部的一种烹调方法。

2. 卤的种类：按使用的调味品的颜色不同，可将卤分为红卤和白卤两种。红卤一般使用红曲米、酱油、糖色等有色调味品，白卤一般使用无色调味品。

3. 卤汁的特点与保存方法：卤汁保存时间越长，则汁味越浓。取用成熟原料时，不能用手直接接触卤汁，应用专门工具，防止污染卤汁。

4. 常用工具：卤制食品的常用工具包括文武刀、砧板、灶具、盆、碟、调味缸、手勺、漏勺、油缸等。

准备原料

牛肉 5000 克、精盐 250 克、花椒粉 3.5 克、姜 25 克、葱结 15 克、砂姜 20 克、豆腐乳 2 块、大茴香 10 颗、草果 5 颗、桂皮 50 克、丁香 10 克、小茴香 10 克、甘草 20 克、孜然 10 克、千里香 10 克、花椒 5 克、香叶 8 克、酱油 500 克、冰糖 50 克、黄酒 250 克、味精 20 克、香油适量

技能训练

1. 将牛肉切成长 4 厘米、宽 3 厘米的块状，将精盐 200 克、花椒粉 3.5 克调匀后均匀地抹在牛肉块上，腌制 3~6 小时并翻动两三次。

2. 锅上火，加入少许油，投入姜块、葱结、砂姜煸炒，投入腐乳用手勺压成泥状，再将余下香料投入锅中煸炒。煸炒毕，倒入纱布内，扎好成香料袋，备用。

3. 将清水 2500 克烧沸，再加入香料袋、酱油、冰糖、精盐、黄酒，用中火煮 1 小时，加入味精即成卤汁。

4. 将卤汁、腌制过的牛肉块、香料袋放入锅中，用大火烧沸，撇去浮沫，再放入精盐、酱油、黄酒，改用小火将牛肉卤 30~60 分钟至酥烂。

5. 再用大火将锅中水烧沸后迅速将牛肉块捞起凉凉。

6. 将牛肉块切成薄片，整齐装入盘中，淋上香油及少量原卤汁，配小味碟伴食。

拓展空间

可用此法卤制各种禽肉、畜肉及其头、脚爪、内脏。

温馨提示

1. 应根据季节变化确定卤制牛肉的时间，一般夏天腌 6 小时，冬天腌 24 小时，并注意翻动，使之均匀入味。

2. 应根据牛肉的老嫩情况，灵活掌握卤制时间。

3. 多练习制作卤汁。

4. 制作卤汁时，可根据个人需要增减调料的品种和用量。

5. 可大批量卤制牛肉，切片时要注意切断纹路。

20

冷菜 白卤——卤笋鸡

知识要点

1. 白卤汁：是在制作卤汁时，不使用含色素的香料和有色调味品，如桂皮、酱油、红曲米等而制成的汁。

2. 白卤：是用白酱油、鱼露、玫瑰露、调味品制成卤汁后，再卤制原料，使之成熟入味的一种烹调方法。

准备原料

三黄笋鸡 1 只、姜 20 克、葱 10 克、甘草 10 克、大茴香 2 克、小茴香 2 克、桂皮 2 克、草果 2 颗、丁香 1 克、香叶 1 克、白酱油 500 克、玫瑰露酒 50 克、黄酒 250 克、精盐 50 克、味精 20 克、香油 20 克、香菜少许

技能训练

1. 将宰杀好的光鸡由肛门处开口，取出内脏洗净。

2. 在鸡颈下肋处开一个小口，将鸡头塞进鸡胸内，用刀斩去鸡爪指甲，与姜、葱一道将鸡爪反塞进鸡腹内，投入沸水中焯水后捞出，洗净血污。

3. 取纱布将甘草等香料装入袋内，扎好成香料袋，备用。

4. 锅上火，放入清水 3000 克，放入香料袋煮沸，然后加入白酱油、玫瑰露酒、黄酒、精盐、味精。

5. 将鸡放入锅中，改用小火煮 15~20 分钟即可捞出晾凉。

6. 在鸡身上抹上香油，斩件装盘，淋上原卤汁，撒上香菜即可。

拓展空间

可用此法制作白卤老鸭、白卤乳鸽、白卤猪肚。

温馨提示

1. 要多练习鸡的整形、初加工、斩件、装盘等基本技能。

2. 注意掌握煮制鸡的时间，以六成熟为好。

3. 煮鸡过程中要勤翻动，使之受热均匀。

4. 煮制鸡时，水量要够，以水完全没过鸡为宜。

模块 10
酱

知识要点

1. 酱：是原料经过腌制后放入卤锅中进行烹制的一种方法。

2. 酱的种类：

（1）普通酱：以多种香料与调味品煮成汁后，再将原料烹调成熟的方法。

（2）特殊酱：以普通酱法为基础，再加入红曲米、蜜糖、醋、辣椒粉等有色调味品，煮成玫瑰色汁后再将原料烹调成熟的方法。

3. 酱的注意事项：

（1）酱制原料通常以肉类、禽类等动物性原料为主。

（2）将原料下锅前，应在锅底垫上竹篾，防止粘锅底。

（3）烹饪过程中先用大火烧沸水后再保持微沸。

（4）要根据原料的质地和大小来掌握烹调时间。

4. 常用工具：酱制食品的常用工具包括文武刀、砧板、灶具、盆、碟、调味罐、手勺、漏勺、油缸等。

21
冷菜 普通酱——酱牛肉

准备原料

牛腱子肉 1500 克、精盐 30 克、姜 50 克、葱结 50 克、料酒 20 克、酱油 20 克、甜面酱 200 克、味精 20 克、白糖 50 克、香油 25 克、花椒 50 克、八角 10 克、桂皮 10 克、丁香 2 克、白芷 5 克、砂仁 5 克、豆蔻 5 克、山柰 5 克、小茴香 2 克、香叶 1 克

技能训练

1. 取一个小纱布袋，将花椒、八角、桂皮、丁香、白芷、砂仁、豆蔻、山柰、小茴香、香叶装入袋内扎好待用。

2. 将洗净的牛腱子肉切成 150 克大小的块，投入沸水锅中焯水，捞出洗净血污。

3. 锅上火，放入少许油，投入葱结、姜块煸炒，加入料酒、精盐、酱油、甜面酱、味精、牛肉汤、白糖、香料袋，煮成酱汤。

4. 将牛肉放入酱汤锅中烧 5~6 分钟，改用小火焖煮 2 小时，保持汤微开、冒泡，勤翻动牛肉，使之均匀受热。

5. 大火收汁至浓稠，将牛肉捞出凉凉。

6. 将牛肉切成薄片，装盘，即可食用。

拓展空间

可用此法制作酱羊肉、酱鸭、酱鸡、酱排骨。

温馨提示

1. 酱制牛肉时一定要用小火将牛肉煮烂，注意勤翻动，使之受热均匀。

2. 收汁时一定要用大火，使汁浓稠并完全包裹在原料上。

3. 在制作酱卤汁时，可加入酱油、红糖、红曲米煮制成酱紫色、玫瑰色、鲜红色的卤汁。

22

冷菜 特殊酱——蜜汁酱子排

准备原料

子排 1000 克、料酒 10 克、姜 15 克、葱 15 克、精盐 8 克、八角 5 颗、桂皮 10 克、草果 2 颗、丁香 1 克、小茴香 1 克、红曲米 10 克、砂姜 10 克、黄酱 5 克、冰糖 50 克、酱油 10 克、味精 5 克、香油 10 克、食用油 1000 克

技能训练

1. 将排骨斩成重 40~50 克的大长条块状，加入料酒、葱、姜、精盐、八角、桂皮、草果、丁香、小茴香，腌制 2 小时。

2. 将腌制中的八角、桂皮、草果、姜、葱取出，与红曲米、砂姜一同装入纱布袋内，放入砂锅中，加入 1500 克清水，用中火煮出酱汁。

3. 锅上火，加入 1000 克食用油，待油温达七八成热时，投入腌制好的排骨炸至表皮微红捞出即可。

4. 将炸好的排骨放入酱汁中，加入黄酱、冰糖、酱油、味精，用大火烧沸后改用小火煮焖 1 小时至熟烂。

5. 大火收浓酱汁，淋上香油即可。

拓展空间

可用此法制作酱鸡翅、酱猪肘。

温馨提示

1. 给排骨过油时油温要高，火力要大，原料着色后马上捞出。

2. 可用海鲜酱、柱侯酱代替黄酱。

3. 选择的排骨应是肉质较嫩的排骨。

思政教学资源

凡事预则立，不预则废

“凡事预则立，不预则废。”凡事都要有计划，要做好充分的准备。很多西方古典管理学、现代管理学包含的人际关系学管理理论的思想内涵其实早在中国古代管理思想中有过经典论述。同学们要想在服务业扎下根，需要更深入地了解中国历史和古代哲人的管理智慧，树立文化自信。

比如在做学习计划、班级管理工作计划时，要注意以国家或地方重大计划作为案例，结合“两个一百年”“一带一路”“十四五”等各类国家规划、经济计划、旅游业发展规划等，在了解国情、省情的基础上不断提高自己的社会责任感。同时，结合习近平总书记在北京大学师生座谈会上的讲话精神，有目的地通过计划来指导自己的学习和生活。

模块 11
冻、卷

23
冷菜 冻——羊糕冻

知识要点

1. 冻：是指用胶质丰富的动植物原料，加入适量的汤，通过烹制、过滤等工序制成较稠的汤汁后，将其倒入烹制成熟的原料中，冷却后放入冰箱冷冻，使原料与汤汁冻结在一起的一种食品制作方法。

2. 冻的种类：

（1）皮冻：选用新鲜猪皮，加工后熬至肉皮软烂，汤汁有黏性，冷却后即成冻。

（2）琼脂冻：也称琼胶、冻粉、洋粉，是从海生红藻类植物中提取的胶质。琼脂胶质吸水膨胀后加入各种调味品即成琼脂冻。

3. 冻制注意事项：

（1）皮冻的选料应是猪的背脊皮与腰肋部皮。

（2）冻制原料必须新鲜。

（3）制作冻汁时，猪皮与汤水的比例为 1∶6。

4. 常用工具：冻制食品的常用工具包括文武刀、砧板、灶具、盆、碟、调味罐、手勺、漏勺、油缸、冰箱、铰肉机等。

准备原料

羊肉 2500 克、猪肉皮 500 克、白萝卜 200 克、胡萝卜 50 克、葱 50 克、姜 10 克、八角 5 颗、桂皮 10 克、草果 3 颗、花椒 10 克、大茴香 15 克、青蒜 10 克、酱油 50 克、黄酒 50 克、白糖 50 克、精盐 50 克、陈皮 10 克、青椒 150 克、味精 5 克

技能训练

1. 将羊肉带骨斩成四块，与猪肉皮一起用沸水洗净。

2. 将白萝卜切四块、胡萝卜切两块，将葱、姜片、八角、桂皮、草果、花椒、大茴香用纱布袋扎好备用。

3. 大锅上火，加入 2000 克清水，放入青蒜、羊肉、猪肉皮烧沸，撇去浮沫，加入酱油、黄酒、白糖、精盐、白萝卜、胡萝卜及香料袋，用小火煮 1~2 小时，至羊肉酥烂后捞出。

4. 将羊肉去骨，撕成条，装在两个大瓷盆中。

5. 将猪肉皮用铰肉机铰成肉糜，待用。

6. 将洗净的青椒、陈皮切成丝，放入瓷盆中，与羊肉一起拌和摊平。

7. 将原汤用大火烧沸，撇去浮沫，放入猪肉糜、味精，用大火烧沸，再次撇去浮沫后，用小火熬成浓胶汁，倒入两个瓷盆里，以淹没肉面为宜，冷却后放入冰箱冷冻。

8. 食用时，切片装盘，配以不同口味的味碟蘸食。

拓展空间

可用此法制作肉皮冻、鱼冻、水晶鸽蛋等。

制作猪皮冻

温馨提示

1. 注意掌握皮冻汁的浓稠度。冻汁过浓，会太硬；过稀，则易碎。如果浓度不够，可加入琼脂。

2. 必须等肉皮熟烂后才能将肉铰成肉糜。

3. 在煮制羊肉时，要依据原料的老嫩程度灵活掌握火候，以羊肉酥烂为宜。

24

冷菜 卷——如意紫菜卷

知识要点

1. 卷：是指用中大薄形的原料做皮，卷入几种其他原料，经蒸、煮、浸泡或油炸成菜的一种烹调方法。

2. 卷的种类：

（1）按原料种类分，食品的卷制方法有布卷、捆卷、食用原料卷三种。

（2）按熟制方法分，食品的卷制方法有蒸煮类、浸泡类、油炸类三种。

3. 常用工具：卷制食品的常用工具包括文武刀、砧板、灶具、盆、碟、调味罐、手勺、漏勺、油缸、蒸锅等。

准备原料

鸡脯肉 150 克、猪肥膘肉 25 克、精盐 10 克、味精 2 克、胡椒粉 1 克、葱姜汁 50 克、香油 5 克、鸡蛋清 4 个、淀粉 2 克、紫菜 50 克、鸡蛋皮 1 张

技能训练

1. 将鸡脯肉去筋膜洗净，将猪肥膘肉洗净，分别用刀背砸成泥放入碗内，加盐打起胶后加入味精、胡椒粉、葱姜汁、香油、2 个蛋清液搅拌成泥。将淀粉放入碗内，再加入 2 个蛋清液搅匀成蛋清糊。

2. 将鸡蛋皮铺在案板上，抹上蛋清糊，铺上一层薄薄的鸡茸，在上面铺上一层紫菜，再铺上一层薄薄的鸡茸。

3. 从鸡蛋皮的两头向中间卷成如意形状，将其翻过来摆入平盘内。

4. 将如意卷上笼蒸 12~15 分钟，熟后取出，边卷压边冷却，食用时改刀装盘即可。

拓展空间

1. 用此方法可制作金银卷。具体方法是，将里脊肉用盐等调味品腌制，将肥膘用糖腌制，然后将里脊肉、肥膘与咸蛋黄一同捆卷起来烤熟即可。

2. 用此方法可制作猪手卷。具体方法是将猪手去骨，腌制后，卷入火腿、芝麻，用布捆扎，卤浸制熟即可。

温馨提示

1. 可通过练习制作包菜卷、肉皮卷来提高卷菜的技能。
2. 制作鸡茸时必须搅拌起胶。
3. 可强化练习制作蛋皮，蛋皮要厚薄均匀。
4. 要选择新鲜的鸡脯肉，不能用水浸泡，否则鸡肉会不脆口。
5. 卷好如意卷入笼蒸制时，应注意火力不能太猛，以中小火为宜。

思政教学资源

中国传统文化中的匠人精神

在中国传统文化中，工匠精神比比皆是。在《诗经》中，人们就把对骨器、象牙、玉石的加工形象地描述为“如切如磋”“如琢如磨”。《庄子》的“庖丁解牛，技进乎道”、《尚书》的“惟精惟一，允执厥中”，以及贾岛关于“推敲”的斟酌，都体现了古代中国的匠人精神。

中国古代工匠匠心独运，他们把对自然的敬畏、对作品的虔敬，对使用者的将心比心，连同自己的揣摩感悟，全部倾注于一双巧手，创造出令西方高山仰止的古代科技文明。曾侯乙编钟高超的铸造技术和良好的音乐性能，改写了世界音乐史，被中外专家学者称为“稀世珍宝”；北宋徽宗时烧制的汝瓷，其釉如“雨过天青云破处”“千峰碧波翠色来”“似玉非玉而胜玉”，以至“纵有家财万贯，不如汝瓷一片。”

《尚书·大禹谟》云：“人心惟危，道心惟微；惟精惟一，允执厥中。”只有沉得下心、坐得住“冷板凳”，才能真正做出匠心独运、经得起时间检验的作品。如今，尊重工匠的劳动，以良好的环境催生新时代的工匠精神已上升到了国家战略高度，我们要充分发挥自己的主观能动性，让“工匠精神”大放异彩。

模块 12

酥炸、脱水

25

冷菜 酥炸——油酥排骨

知识要点

1. 酥炸：又称油炸，是将原料经过刀工处理后调味或加热，入油锅中炸酥成菜的一种烹调方法。

2. 酥炸的种类

（1）不挂糊炸：是指将原料腌制或熟制后，投入油锅中炸酥成菜的一种烹调方法。

（2）挂糊炸：是指将原料腌制或熟制后，在原料表面粘上发酵粉或用蛋液制成的糊浆，使炸后的菜肴外酥脆里鲜嫩的一种烹调方法。

（3）干炸：是指将原料腌制后，在外表粘上干淀粉，直接下锅将原料炸熟的一种烹调方法。

3. 常用工具：酥炸食品的常用工具包括文武刀、砧板、灶具、盆、碟、调味罐、手勺、漏勺、油缸等。

准备原料

猪排骨 1000 克、八角 5 粒、桂皮 10 克、砂姜 5 克、草果 2 粒、花椒 3 克、姜 15 克、葱 10 克、骨汤 4000 克、精盐 10 克、料酒 15 克、白糖 10 克、糖色 40 克、味精 1 克、食用油 1000 克

技能训练

1. 将排骨洗净，以三根肋骨为一组斩开，再横刀斩断成 10 厘米的长度，投入沸水锅中焯水。

2. 洗净香料，装入纱布袋内扎好，将老姜拍碎待用。

3. 将骨汤注入锅内，投入香料包、姜、葱、精盐，煮 10 分钟。

4. 加入料酒、白糖、糖色、排骨，煮 40 分钟。

5. 放入味精卤 5 分钟，至肉软捞出，沥净卤汁。

6. 净锅上火，放油烧至七八成热时，投入卤排骨，炸至棕红色，捞出沥尽油，冷却后斩件装盘即可。

拓展空间

1. 可用此法制作酥炸鸡腿、酥炸八块鸡、酥炸鱼条等。

2. 挂糊炸时，糊的浓度不能过稀或过稠；应将复炸原料的时间控制在 2~5 分钟，时间不能过长。

3. 干炸时，要控制好火候，火不能过大，以中火为宜。

温馨提示

1. 酥炸的原料，其腌制口味不得过重。不能多放带色的调味品，否则菜肴会发黑。

2. 将排骨斩件时，要大小均匀，装盘时会十分美观。

3. 炸制时，油温不得低于七成热，否则会达不到外香里嫩的效果。

4. 选料时，应选择细扁、肉厚的新鲜猪肋条。

26

冷菜 脱水——肉松

知识要点

1. 脱水：是指将经加工后的原料，区分种类分别进行油炸、蒸煮、烘炒等，再进行挤压、揉搓，促使原料脱水而成蓬松、脆香的一种食品的制作方法。

2. 制作脱水制品的注意事项：

（1）要选用新鲜脆嫩的植物性原料。

（2）动物性原料应不带脂肪、筋膜。

（3）需刀工处理的原料要切得均匀。

（4）调味时不能太咸。

（5）应根据各种原料的性质灵活掌握火候的大小，不可使制品焦煳僵硬。

准备原料

猪精肉 1000 克、酱油 50 克、白糖 60 克、黄酒 20 克、葱 50 克、姜 25 克、精盐 4 克

技能训练

1. 将猪肉洗净，去除筋膜和肥肉，然后沿纹路改刀切成长 7 厘米、宽 3 厘米的条状。

2. 炒锅上火，加入 2000 克清水，将肉下锅，盖上锅盖用大火烧沸后，反复撇去浮沫和浮油。加入调料，然后改用小火，煮焖 1~1.5 小时至猪肉酥烂，捞出挤干水分。

3. 用锅铲将原料按碎，凉凉后用手搓成细丝，即成肉松坯。

4. 将炒锅洗净，中火烧热，用少量油滑锅，然后改用小火，放入肉松坯，使纤维松散，以达到均匀烘焙的目的，至肉松成为细茸状即可。

拓展空间

可用此法制作各类肉松、鱼松、蛋松、菜松等。

温馨提示

1. 搓细丝时，应按顺时针方向进行，用力要适当。力气过大，易将原料搓碎；力气过小，不易将原料搓成丝茸状。

2. 做肉松时，一定要除尽原料的脂肪、筋膜，否则，肉松容易受热不均，从而会影响成品质量。

3. 制作蛋松时一定要先过滤蛋液。

模块 13
炸收、卤浸

27
冷菜 炸收——葱辣豆腐

知识要点

1. 炸收：又称油焖，是将经过清炸或干煸的半成品入锅，加入调料、鲜汤，用中火或小火焖烧，最后用大火收干汤汁，使成品回软入味、干香滋润、汤汁油亮的一种烹调方法。

2. 常用工具：炸收食品的常用工具包括文武刀、砧板、灶具、盆、碟、调味罐、手勺、漏勺、油缸等。

准备原料

水豆腐 500 克、香油 50 克、姜 10 克、酱油 20 克、料酒 20 克、精盐 10 克、白糖 10 克、味精 5 克、葱段 100 克、高汤 400 克

技能训练

1. 将豆腐切成 4 厘米见方的块，投入七八成热的油锅中炸至金黄色。

2. 锅上火，放入香油，下姜片、酱油、料酒、精盐、糖、味精、葱段煸香。

3. 倒入高汤，放入炸好的豆腐块，烧沸后，撇去浮沫，改用微火焖 20 分钟入味。

4. 用大火收浓汤汁。

5. 将豆腐块取出后冷却，改刀装盘即可。

拓展空间

可用此法制作海鲜酱鱼条、炸收春笋、手撕牛肉等。

温馨提示

1. 炸收的原料体积不宜太大。

2. 不能将原料炸得太干，应外酥里嫩。

3. 操作时，应一次加足原料、汤水和调料。应掌握好煮制的时间和火力大小，以原料入味、汤汁油亮为宜。

4. 制作好豆腐后，一定要等其完全冷却后才能切片装盘，这样切制的豆腐的刀面才会光滑。

5. 腌制原料时，不宜用糖、蜂蜜、甜酒等甜味重的调料，否则原料易发黑。

6. 炸制原料时，火力宜大，油温不能低于七成热。

7. 炸制丝条、丁片一类易粘连的原料时，可先用油拌一下，再入油锅炸制。

28

冷菜 卤浸——卤浸鱼条

知识要点

1. 卤浸：是把原料用热油炸后，趁热浇上卤汁或以卤汁浸渍的一种烹调方法。

2. 卤浸与炸收的特点：卤浸品色泽红黄、细腻滑润、酥香味浓。

准备原料

草鱼肉 500 克、姜块 3 克、葱段 5 克、料酒 15 克、精盐 5 克、味精 1 克、花生油 1000 克、香油 5 克、蚝油卤汁 800 克

技能训练

1. 将鲜鱼肉洗净，切成长 8 厘米、宽 2 厘米的条状，与姜块、葱段、料酒、精盐拌匀，腌制 15 分钟。

2. 将鱼条投入七八成热的油锅中炸至金黄色成熟时捞出，趁热放进卤汁内浸渍 1 小时。

3. 将鱼条捞出装盘，淋上用香油、味精和适量卤汁调成的味汁即可。

拓展空间

1. 可用此法制作卤浸牛肉、卤浸鸡条、卤浸里脊条等。

2. 卤浸其他菜肴时，油温应在八成热左右。一般需将原料炸两次。

温馨提示

1. 炸好鱼条后，一定要趁热放入卤汁中浸泡，这样香味才能突出。

2. 可多练习制作各种不同口味的卤汁。

3. 制作卤汁时，应使卤汁与原料的比例恰到好处，以卤汁没过原料为宜。卤汁的色泽不宜过深，否则菜品会发黑。

思政教学资源

职校生的责任担当

习近平总书记指出："在实现中华民族伟大复兴的新征程上，应对重大挑战、抵御重大风险、克服重大阻力、解决重大矛盾，迫切需要迎难而上、挺身而出的担当精神。""时代呼唤担当，民族振兴是青年的责任。""青年兴则国家兴，青年强则国家强。青年一代有理想、有本领、有担当，国家就有前途，民族就有希望。"一代人担负一代人的责任，这是国家、民族发展的动力所在，青年是整个社会力量中最积极、最有生气的力量，培养青年学生的使命感，激励他们发挥创造力、想象力，成为国家、民族发展的主力，成为时代的担当者，意义重大。

基于"责任担当"，师生共同通过一个个真实的服务与管理案例，在履责中学习，在历练中成长，在认识时代使命的基础上拥抱新时代，让青春之花在新时代改革开放的广阔天地中绽放。

模块 14
腊、风

29
冷菜 腊——腊猪肉

知识要点

1. 腊：是一种原料加工处理方法，是指将动物性原料用椒盐、香料水、料酒、姜、葱等调料腌制后，再进行晾干、烟熏等处理，使原料成为腊制品的一种食物加工方法。

2. 腊的种类：

（1）按动物类别，可将腊制品分为畜类、禽类、鱼类、海产品类等。

（2）按口味特点，可将腊制品分为咸鲜、麻辣、咸甜、五香类等。

3. 制作腊制品的注意事项：

（1）腊制品多在冬至到立春前这个时期制作。

（2）可依个人喜好增减调料的种类和投放比例。

（3）要根据原料量的多少、烟雾量的大小来确定烟熏的时间，以制品色泽金黄为好。

（4）在加工腊制品前，一定要用温水将烟渍清洗干净。

4. 香料水：香料水是用八角、桂皮、砂姜、草果、丁香、母丁香、小茴香、孜然、玉果、陈皮、砂仁等调料加入水后用小火熬成的浓香汁水。

5. 常用工具：制作腊制品的常用工具有文武刀、砧板、灶具、盆、碟、调味罐、手勺、漏勺、蒸锅、绳子等。

准备原料

带皮猪肉 5000 克、精盐 250 克、花椒 10 克、香料水 50 克、白糖 50 克、黄酒 50 克、葱 25 克、姜 20 克

技能训练

1. 选用皮薄肉嫩、肥瘦相当的猪肉，刮洗干净后沥去水，切成五大条。在切好的猪肉一端用尖刀戳孔（穿绳用）。

2. 锅上火，倒入盐和花椒炒香，抹擦在肉上。加入香料水，将加工好的猪肉放入盛器内腌 1 天后，上下翻动，再腌 1 天，取出。

3. 将腌制好的肉挂在通风处放置 2 天，然后投入熏炉内，使肉与肉之间保持一定距离。在炉内燃起木炭，当猪肉的脂肪开始熔化时，在木炭周围加入 400 克木屑、200 克花生壳、200 克瓜子壳，关上炉门使炉内温度保持在 27~48℃之间，连续熏 24 小时，待猪肉现黄色、表皮干燥即可。

4. 食用时，取熏好的肉，洗净后放入盛器，淋上黄酒，撒上白糖、葱、姜，上笼蒸熟，切片装盘即可。

拓展空间

可用此法制作腊牛肉、腊香肠等。

温馨提示

1. 制作腊制品时用到的花椒，一定要经炒制后碾成粉末，方能使用。

2. 一定要将腌好的肉挂在通风阴凉处晾干。

3. 烟熏过程中应防止温度过高，使制品焦化而影响质量。

4. 腊制原料不宜过大，否则不易入味。

5. 制作香料水时，可依个人需要适当增减品种和用量。

30

冷菜 风——风鸡

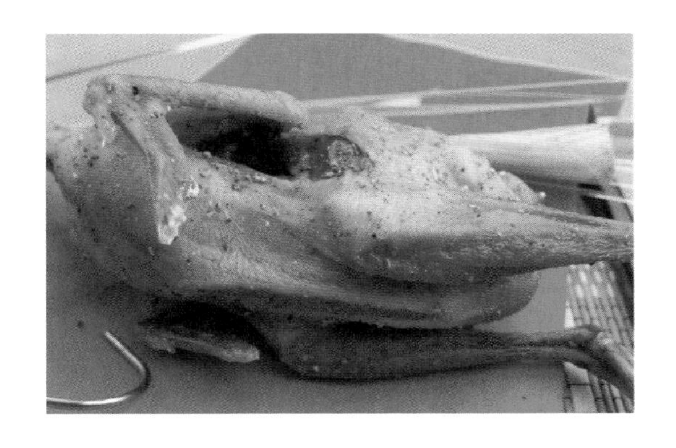

知识要点

1. 风：是指将原料用调料腌制后，挂在通风处，晾制一段时间后再烹熟的一种烹调方法。

2. 风的种类：

（1）腌风：腌风制品一般选用动物性原料，选料一定要新鲜，宰杀时不去毛和鳞，仅去内脏，用花椒盐腌制，腌好后挂在通风处吹干，食用时整理加工成熟。

（2）鲜风：鲜风制品多用于植物性原料，不需要腌制，直接挂在通风处吹干，食用时洗净或加热成熟后，放入调料拌食。

3. 制作风制品的注意事项：

（1）必须挂在避光阴凉通风处。

（2）应视原料的种类和气候条件确定风制时间的长短。

（3）加工风制品时，无须清洗原料即可进行腌制。食用时，应根据不同的原料进行去毛、去鳞等处理。

4. 常用工具：制作风制品的常用工具包括文武刀、砧板、灶具、盆、碟、调味罐、手勺、漏勺、蒸锅、绳子等。

准备原料

活公鸡 1500 克、黄酒 15 克、花椒 3 克、精盐 100 克、葱 10 克、姜 3 克

技能训练

1. 将活公鸡宰杀，放尽鸡血，不去毛，从鸡颈处取出鸡嗉，再从鸡右腹开一小口取出内脏。

2. 炒锅上火，放盐、花椒，用小火炒香制成椒盐。

3. 将椒盐放入鸡腹腔内，抹擦均匀。鸡嘴、鸡颈刀口处也要抹擦。

4. 用麻绳将鸡腿、鸡脚与鸡身捆紧，刀口向上，悬挂在避光通风处，一个月后即可制成风鸡。

5. 食用前，将风鸡去毛，洗净，放入盆内，加入 5 粒花椒、葱段、姜片、黄酒，上笼用大火蒸半小时，取出晾凉后斩件装盘即可。

拓展空间

用此方法可制作风鸭、风鱼、风鹌鹑等。

温馨提示

1. 风制的原料一般不水洗，用洁布擦干血污即可腌制。

2. 风制过程中，一定要将原料悬挂在避光通风处风干。

3. 处理活鸡时，宰杀、放血、开腔、取内脏等动作要干净利落。

模块 15
熏、糖粘

31
冷菜 熏——熏鱼

知识要点

1. 熏：是通过将茶叶、锅巴、红糖等物燃烧，产生焦煳浓烟，使原料成熟，以增加制品烟香味和色泽的一种烹调方法。

2. 熏的种类：

（1）生熏：是将生原料进行熏制，适用于肉质鲜嫩、形状扁平的鱼类。生熏的火候应小于熟熏的火候，熏制时间要比熟熏略长些。

（2）熟熏：是将制熟的原料进行熏制，多用于制作整只禽类、大块的肉类及蛋制品。

3. 常用工具：熏制食品的常用工具包括文武刀、砧板、灶具、盆、碟、调味罐、手勺、漏勺、油缸、熏缸等。

准备原料

新鲜白鱼1尾（约重1000克）、花椒盐50克、茶叶50克、锅巴100克、白糖100克、葱25克、香油10克

技能训练

1. 将白鱼初步加工洗净，用洁布吸去水分，在鱼背处下刀将鱼身剖成两片，一片连头，一片连尾。在鱼身上每隔一段划一刀。用花椒盐将加工好的鱼腌制3小时后洗净，沥干水分，抹上酱油。

2. 点燃熏缸内的木炭，放入茶叶、锅巴、白糖，架上铁丝格，放葱，将鱼放在葱上，再铺上一层葱叶，盖好锅盖。

3. 熏30~40分钟至鱼熟呈微黄色后取出，抹上香油，斩件上盘即可。

拓展空间

可用此法制作熏鸡翅、熏鸡腿、熏樟茶鸭。

温馨提示

1. 熏制的原料不宜太大，过大不易成熟。
2. 烟熏的原料底部应用葱或菜叶垫底，否则易焦煳。
3. 熏制时应控制好火候，如有冒烟，要及时改用小火。
4. 熏制时，可用一种熏料，也可同时使用数种熏料。

32

冷菜 糖粘——糖粘桃仁

知识要点

1. 糖粘：又称挂霜、上霜，是将糖加水溶化，加热后待糖汁浓稠时，将加工好或制熟的原料入锅，使糖汁均匀地附于原料表面形成结晶的一种

烹调方法。也可将白糖放入油锅中，用微火加热的方法给原料挂霜。糖粘制品的特点是质感嫩脆、香甜可口，多用干果和水果做原料。

2. 常用工具：制作糖粘食品的常用工具包括文武刀、砧板、灶具、盆、碟、调味罐、手勺、漏勺、油缸、长竹筷等。

准备原料

桃仁 500 克、白糖 400 克、花生油 750 克

技能训练

1. 锅上火，加入花生油 700 克，用大火烧至六成热时，下桃仁炸至淡黄色时捞出，沥尽油，待用。

2. 炒锅内留 50 克油，加入白糖，在微火上烧热，用手勺搅匀，待白糖颜色微红起泡时离火。

3. 迅速将炸好的桃仁倒入糖锅内，用手勺快速推散。

4. 将桃仁倒在涂过油的案台上，用筷子拨散，待凉凉后装盘即可。

拓展空间

可用此法制作糖粘花生、糖粘胡桃、糖粘夏果、糖粘荔芋等。

温馨提示

1. 炸制时要掌握好火候和时间，糖不可焦煳。

2. 桃仁粘糖离锅后，要迅速用竹筷拨散，否则易粘连。

3. 选用的干果、坚果要新鲜，不可霉变、发黑、有异味。

4. 煮制糖浆时可用水，可用油，也可水油混合。用水时，制作时间要长一些；用油时，时间要短一些；水油混合时，制作时间介于前两者之间。

思政教学资源

在教学过程中融入社会主义核心价值观教育。要想成才，首先应该情系国家，树立报国志向，自觉投身到坚持和发展中国特色社会主义事业中去，为实现中华民族伟大复兴而努力奋斗！

幸福都是奋斗出来的

“幸福都是奋斗出来的”出自2017年12月31日习近平主席发表的《2018年新年贺词》。他总结过去一年，在全国人民的共同努力下各项事业取得的辉煌成就，展望新的一年落实党的十九大精神、深化改革开放、如期打赢脱贫攻坚战、促进世界和平与发展等各项任务，洋溢着对人民伟大的赞美、对民生冷暖的关心和对人类命运共同体的责任。贺词既平实质朴，饱含人民情怀，又催人奋进，激荡光荣与梦想，点燃了亿万人民在新时代奋发向前的激情。

一起向未来

“让我们一起向未来！祝福国泰民安！”习近平主席2022年新年贺词中充满希望的话语，展现了中国人民追求各美其美、美美与共的崇高理想，表达了中国人民共克时艰、共创未来的坚定决心。（同步播放歌曲《一起向未来》）。

模块 16

烤

知识要点

1. 烤：又称烧烤、烘烤，是将原料经过腌制或加工成半成品，放入烤箱或烤炉内，利用辐射的高温，把原料直接烤熟的一种烹调方法。

2. 烤的种类：

（1）暗炉烤：又称挂炉烤，是将原料腌制后，放入暗炉中利用火的辐射热将原料烘烤至熟的一种方法。

（2）烤箱烤：大都用电烤。烤箱的火力不直接与原料接触，而是隔着一层铁板，将所烤食品放在烤盘里使之成熟。

（3）明炉烤：又叫明烤、叉烤，是将原料腌制后放在敞口的火炉或火池上，不断翻动，反复烘烤至熟的一种方法。

3. 常用工具：烤制食品的常用工具包括文武刀、砧板、灶具、盆、碟、调味罐、手勺、漏勺、油缸、烤炉、烧烤叉等。

33

冷菜 暗炉烤——叉烧鸭

准备原料

肥光鸭 1 只、干荷叶 5 张、葱叶 200 克、姜 20 克、八角 5 只、盐 20 克、大红醋 50 克、饴糖 25 克、柠檬半个、甜面酱 100 克、白糖 25 克、香油

25 克、大葱白 50 克、黄瓜 50 克、面皮 200 克

技能训练

1. 制坯：将光鸭从肋下开口，取出内脏，洗净。

2. 将洗净的荷叶连同葱叶、姜从鸭开口处塞进鸭腹内。在鸭肛门处也塞进部分荷叶、姜、葱叶，力求鸭体丰满。

3. 上叉：将钢叉从鸭屁股与两腿旁边戳进，穿过腹腔，在鸭颈离鸭头 5 寸处穿出叉尖，将鸭头弯过来从颚下横戳在叉尖上。

4. 烫制：锅上火，放入水、香料、盐烧沸。将鸭倒悬于沸水锅上，将沸水从上到下浇烫鸭身，使鸭皮收缩绷紧，再用洁布拭去水分，趁热均匀地涂抹红醋、饴糖、柠檬汁的混合汁，挂在通风处吹干。

5. 作料制作：将甜面酱与白糖放入碗中，上笼蒸 5 分钟，取出，加香油调和。

6. 伴食品制作：将葱白切成长 10 厘米的兰花葱，黄瓜切条，面皮蒸热待用。

7. 烘烤：将炉膛内烧热，放进叉鸭。用中火先烤鸭身的两侧，后烤鸭脊背和鸭脯，烘烤 1 小时后改大火，使鸭上色至皮脆时取出。

8. 食用时，将鸭皮片出，与面酱、葱、黄瓜一块用面皮包裹伴食。

拓展空间

可用此法制作深井烧鹅、大漠风沙鸡。

温馨提示

1. 制作叉烧鸭时，制坯和上叉是基本技能，要多练习。

2. 给鸭子烫皮后，应趁热均匀抹上红醋、饴糖汁，否则，鸭皮会不脆。

3. 注意调控烤炉火候，开始时用小火烘皮，后用中火烤熟，最后用大火上色。

4. 片皮的动作要娴熟，装盘要美观。

34

准备原料

肥瘦相间猪肉 5000 克、红曲米 5 克、精盐 100 克、白糖 400 克、曲酒 100 克、生抽 200 克、海鲜酱 750 克、柱侯酱 25 克、五香粉 3 克、麦芽糖 2000 克

技能训练

1. 将猪肉切成长 30 厘米、宽 3 厘米、厚 3 厘米的长条。将红曲米加水煮 10~12 分钟，过筛制成红曲水。

2. 在碗内放入盐、白糖、曲酒、生抽、海鲜酱、柱侯酱、红曲水、五香粉调和均匀。放入肉条，拌匀后腌制 1 小时，中途翻动一次。

3. 用烧烤叉穿起腌好的猪肉，放入 100℃的烤炉内烤 30~40 分钟至金红色时取出。

4. 将麦芽糖加水调匀，将肉条浸于糖水溶液内粘上色，再回炉烤 2~3 分钟，取出即可。

拓展空间

可用此法制作蜜汁排骨，或将猪肝酿入咸蛋黄中制作成凤眼肝，或将肥肉腌制后卷扎上咸蛋黄、桂花制作桂花扎。

温馨提示

1. 腌制叉烧时，一定要将肉条搅拌均匀，中途还要翻动，保证每块肉的咸淡均匀。

2. 入炉烤制叉烧时，一定要保证炉温达到 100℃时再挂入叉烧。

3. 选用的猪肉一定要肥瘦相间，烤出的成品口感才好。

第三篇

中餐冷菜烹调方法（艺术拼盘）

学习导读

本篇学习的是冷菜的进阶制作方法——艺术拼盘。艺术拼盘的造型艺术主要由几何图案造型、植物造型、山水景观造型、器物造型、动物造型和组合造型等组成。

本篇根据上述6类造型艺术分为6个学习模块，所涉及的工作模块要在与酒店厨房一致的实训环境中完成。学生通过实际操作，能够初步体验冷菜厨房的工作环境；能够按照冷菜厨房岗位的工作流程完成学习任务，并在工作中逐渐培养合作意识、安全意识及卫生意识。

考核标准

项目	标准	分值
德育	能够将工匠精神、创新精神融入菜品制作中	25
	节约用料，能养成良好的成本管理习惯	
	熟知食品卫生安全要求	
理论	了解冷菜厨房的功能及组织结构	25
	掌握冷菜生产注意事项	
	能合理选用冷菜原材料	
技能	能熟练使用冷菜厨房的设施设备	50
	熟悉艺术拼盘制作工艺流程	
	掌握艺术拼盘原料初加工方法	
	掌握各种造型的成型技巧	
	拼摆有型、装饰美观	

中餐冷菜艺术拼盘基础知识及主要技能技法

拼盘，亦称冷盘、冷碟，是指将冷食的菜肴切配拼装而成的盘菜。艺术拼盘，又称象形拼盘、花色拼盘，它是将各种冷菜原料用不同的刀法和造型艺术，拼摆成具有一定艺术造型的盘菜。艺术拼盘的表现形式有平面式、卧式、立体式等。

（一）中餐冷菜艺术拼盘制作注意事项

1. 卫生：卫生是食品生产的重中之重。艺术拼盘具有不高温加热、直接入口的特点，从制作、造型、拼摆到装盘的每个环节都要注意清洁卫生，防止食品污染。冷菜间要时刻保证清洁卫生，配装紫外线消毒灯，做到无蟑螂、无苍蝇。放原材料的冰箱要清洁无异味，餐具用前要消毒。

2. 原料：艺术拼盘的选料一般比热菜更为讲究，各种蔬菜、水果、海鲜、禽蛋、肉类等均要保证新鲜、完好，对于生食的原料还要进行消毒处理。

3. 用具：在制作艺术拼盘的过程中，凡接触食物的用具、器具都要消毒，尤其是刀、砧板、餐具等，保证生熟分开。应经常对抹布清洗和消毒。

4. 装盘：装盘过程中尽量避免手直接接触食物，不是立即食用的要用保鲜膜封好后放入冰箱冷藏。

5. 调味：艺术拼盘多数作为开胃菜，在味道上要比其他菜肴味重一些，要突出酸、甜、苦、辛辣等富有刺激的味道，达到爽口开胃、刺激食欲的目的。

（二）中餐冷菜艺术拼盘造型种类

本篇学习的是冷菜的进阶制作方法，这类冷菜主要由几何图案造型、植物造型、山水景观造型、器物造型、动物造型和组合造型等表现方式组成。

1. 几何图案造型：是将各种各样的冷菜原料，运用直刀法和拼摆手法，拼摆成几何图案的冷盘菜。几何图案造型又分为单色拼盘、三色拼盘和什锦拼盘。

2. 植物造型：是指运用弧形拼摆法、平行拼摆法、叶形拼摆法、翅形拼摆法等，将食品原材料拼摆成植物造型的冷盘菜。

3. 山水景观造型：是指运用各种拼摆手法，将食品原材料拼摆成山水景物造型的冷盘菜。

4. 器物造型：是指运用各种拼摆手法，将食品原材料拼摆成以器物为造型对象的冷盘菜。

5. 动物造型：是指运用各种拼摆手法，将食品原材料拼摆成动物造型的冷盘菜。

6. 多碟组合造型：是指运用各种拼摆手法，选用多个碟子，将食品原材料分别拼摆在多个碟子中，然后根据作品主题将碟子组合在一起，拼摆而成的冷盘菜。

艺术拼盘考核标准		
几何图案造型	单色拼盘	干净卫生，整齐精细，饱满完整，20 分钟内完成
	三色拼盘	干净卫生，整齐精细，饱满完整，30 分钟内完成
	什锦拼盘	干净卫生，整齐精细，饱满完整，40 分钟内完成
植物造型	青松迎客	干净卫生，整齐精细，饱满完整，60 分钟内完成
	荷塘月色	
山水景观造型	象山水月	干净卫生，整齐精细，饱满完整，60 分钟内完成
	南国风光	
器物造型	锦绣花篮	干净卫生，整齐精细，饱满完整，60 分钟内完成
	五彩宝扇	
动物造型	双燕迎春	干净卫生，整齐精细，饱满完整，60 分钟内完成
	雄鸡报晓	
	雄鹰展翅	
多碟组合造型	蝶恋戏花	干净卫生，整齐精细，饱满完整，60 分钟内完成
	百鸟朝凤	

模块 17
几何图案造型

拼摆
黄瓜塔

知识要点

1. 艺术拼盘：又称象形拼盘、花色拼盘等。它是将各种各样的冷菜原料，用不同的刀法和拼摆手法，拼摆成具有一定象形图案的冷盘菜。

2. 艺术拼盘的表现形式：艺术拼盘的表现形式包括平面式、卧式、立体式三种。

3. 制作艺术拼盘的步骤：制作艺术拼盘的步骤包括构思、垫底、成型、点缀。

4. 几何图案造型：几何图案造型是将各种各样的冷菜原料，运用直刀法和拼摆手法，拼摆成几何图案的冷盘菜。

5. 几何图案造型类型：

（1）单色拼盘：是指用一种冷菜原料拼摆而成的冷盘。这是最常用的一种冷盘。

（2）三色拼盘：是指用三种冷菜原料拼摆而成的冷盘。这种拼法要求不同原料在形状、刀工、色彩、口味及数量的比例等方面都要安排得当。

（3）什锦拼盘：是指用多种冷菜原料拼摆而成的冷盘。此种冷盘拼装技术难度较大，讲究精巧细腻，原料的颜色深浅要协调，造型要美观大方，味道要变化多样。

6. 制作冷盘时的注意事项：

（1）必须严格遵守食品卫生规定，做到食物清洁卫生，原料新鲜、无污染、不串味。

（2）刀刃无缺口，且随时保持锋利。

（3）落刀时要做到心中有数，用力要均匀，切勿前重后轻，力求使被加工的原料整齐划一，粗细厚薄均匀。

（4）经加工的原料表面要平整，切忌凹凸不平。

（5）合理使用原料，大材要大用，小材要小用，做到物尽其用。

7. 冷盘拼摆的基本原则：

（1）先主后次：在选用两种或两种以上题材为构图内容的冷盘造型中，往往以其中一种题材为主，其余题材为辅。

（2）先大后小：在整体构图造型中都占有同样重要的地位，两种或两种以上物象彼此不分主次的，如“龙凤呈祥”“双燕迎春”“鸳鸯戏水”等，在整个拼摆过程中，要遵循“先大后小”的原则。

（3）先下后上：任何冷盘造型，冷盘材料在盘子中都要有一定的高度，即三维视觉效果。垫底，是拼摆冷盘的最初程序，是基础也是关键。

（4）先远后近：在以物象的侧面为构图形式的冷盘造型中，都存在着远近的问题，应先远后近。

（5）先尾后身：在禽鸟类题材的冷盘造型中，应先拼摆尾部，后拼摆身体，即先尾后身。

8. 常用工具：拼摆几何图案造型冷盘的常用工具包括片刀、砧板、12寸圆碟、抹布、废料盆等。

35

拼盘 单色拼盘

准备原料

卤牛肉500克、酒鬼花生200克、大葱10克、红椒10克

技能训练

1. 将卤牛肉切成长 8 厘米、宽 4 厘米的长方形初坯。把酒鬼花生码成初坯。

2. 将改好刀的卤牛肉初坯切成长方形片，按顺时针方向旋叠对接。

3. 将大葱、红椒切成穿针细丝，堆于馒头形的牛肉顶端。

拓展空间

小技能：也可用午餐肉、扎蹄等制作单色拼盘。

温馨提示

1. 应反复练习切片时的直刀法，并能熟练运用。

2. 将卤牛肉切片时，要长短一致、厚薄均匀；给红椒切丝时要粗细均匀。

3. 可用黄瓜、茄子、胡萝卜、白萝卜、南瓜等素原料进行切片替代练习。

4. 拼盘时，牛肉间隔要均匀。

36

冷菜 三色拼盘

准备原料

扎蹄 250 克、叉烧 250 克、卤牛舌 250 克、香菜 10 克、胡萝卜 50 克

技能训练

1. 将卤牛舌切丝，平铺在盘中，摆成长 10 厘米、宽 5 厘米的长方形初坯。

2. 将卤牛舌、扎蹄切成长 5 厘米、宽 3 厘米的片状，成行平排摆在卤牛舌丝上。

3. 将叉烧切成长 5 厘米、宽 3 厘米的长方形片，排叠在卤牛舌、扎蹄中间。

4. 将胡萝卜切成 5 片，穿成花，与香菜点缀于盘头。

拓展空间

可通过改变造型，拼摆出不同的作品，如花朵形、拱桥形等不同款式的三色拼盘。

温馨提示

1. 给卤牛舌、扎蹄、叉烧切片时，要长短一致、厚薄均匀。
2. 可用胡萝卜、南瓜、黄瓜等素原料进行切片替代练习。
3. 点缀装饰要适度，不宜过多。
4. 色彩的搭配要协调，要有整体美感。

37

拼盘 什锦拼盘

准备原料

酒鬼花生 350 克、蒜味黄瓜 200 克、卤猪舌 200 克、扎蹄 200 克、西式红肠 200 克、糖醋胡萝卜 100 克、香菜 10 克、琼脂 200 克

技能训练

1. 将酒鬼花生在盘子中堆码成初坯。

2. 将蒜味黄瓜切成长 5 厘米、宽 3 厘米、厚 0.1 厘米的半圆形片，按逆时针方向旋排成第一层。将最后一片黄瓜插于第一片底部，使第一片略压最后一片。

3. 将卤猪舌、扎蹄、西式红肠、糖醋胡萝卜分别切成长 4 厘米、宽 2.5 厘米、厚 0.1 厘米的椭圆形片状，按以上方法依次旋排在第二至五层。

4. 最后将香菜放在顶端。将琼脂雕刻成宝塔盖面即成。

拓展空间

可进行平面式、卧式、立体式等冷盘拼摆练习。

温馨提示

1. 熟练掌握装盘时的“旋排”手法。

2. 可用胡萝卜、白萝卜、心里美萝卜、黄瓜、南瓜、莴笋等素原料进行切片替代练习。

3. 什锦拼盘技术难度较大，训练时要从严、从细。

思政教学资源

职校生的管理思维

教学过程中融入习近平总书记治国理政思想，在引导学生（员工）理解、总结什么是管理的时候提出：大到国家的治理，小到企业的管理，甚至是一个班级的管理，平时的作息管理，都有相同的理论基础。习近平总书记治国理政理论，就是体现中国的文化自信，务实、求真、担当、共享、为民、有大国意识等。从学生的现阶段学习来看，就是要紧密联系当前的形势和环境（比如人工智能、数字化经营等），同时吸收中华传统文化管理思想精髓，在党和国家政策指引下不断探索前行。

模块 18
植物造型

知识要点

1. 艺术拼盘拼摆方法：艺术拼盘的拼摆方法主要有弧形拼摆法、平行拼摆法、叶形拼摆法、翅形拼摆法等。

2. 艺术拼盘装盘手法：艺术拼盘的装盘手法主要有排、堆、叠、围、贴、覆。

3. 常用工具：制作植物造型艺术拼盘的常用工具有片刀、雕刻刀、砧板、24 寸圆碟、抹布、废料盆。

38
拼盘 青松迎客

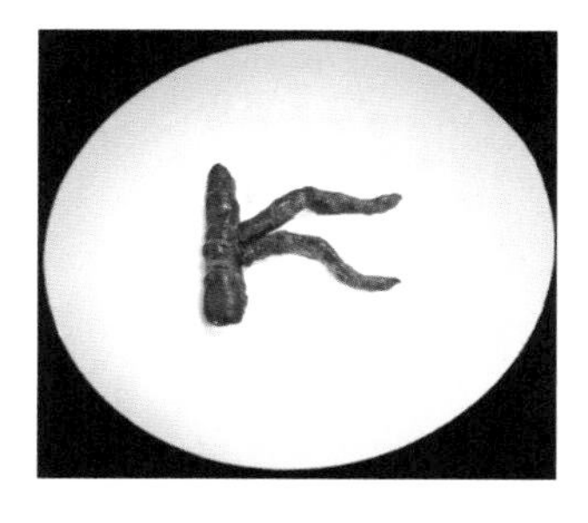

准备原料

蚝油香菇 50 克、盐水胡萝卜 100 克、酸黄瓜 100 克、卤猪耳卷 350 克、广式红肠 300 克、蚝油西兰花 100 克、白灼虾 200 克、烤素鸡 50 克、炝莴笋 50 克、盐水心里美 100 克、熟澄面 50 克

技能训练

1. 用熟澄面揉搓塑造出松树树干与树枝的坯子。

2. 在熟澄面坯子的基础上用蚝油香菇拼摆出松树的树干和两根树枝。

3. 将酸黄瓜切成 3 厘米的小段，用梳子刀法切片后拼摆成松叶。

4. 将盐水胡萝卜、卤猪耳卷、广式红肠、烤素鸡、炝莴笋、盐水心里美切成椭圆形，然后切片，拼摆成假山，用白灼虾收底。

5. 将蚝油西兰花点缀于假山上。

拓展空间

小知识——迎客松

迎客松常用来比喻迎宾好客，此造型是朋友相聚宴席上的佳品。其造型特点是：拼盘似苍松虬屈雄健，挥展双臂热情欢迎来客。

温馨提示

1. 加强冷盘排叠拼摆技能练习。

2. 可进行松树的简单绘图练习。

3. 多用黄瓜、茄子、胡萝卜、白萝卜、南瓜等素原料进行切片练习。

4. 可以多看一些松树的资料，并了解其寓意。

5. 可根据构图变化出不同的松树造型。

6. 了解并掌握拼摆的“先远后进”原则。

39

拼盘 荷塘月色

准备原料

土豆泥 150 克、酸辣莴笋 500 克、糖醋胡萝卜 10 克、蒜泥黄瓜 30 克、卤牛肉 150 克、原味火腿 50 克、盐水西兰花 50 克、盐水心里美 50 克、白灼海虾 100 克

技能训练

1. 将土豆泥码成荷叶的两个初坯。

2. 把酸辣莴笋切成长 8 厘米、宽 2 厘米的长柳叶形，从荷叶初坯的右下端起，依次围叠成荷叶叶面。将蒜泥黄瓜切成椭圆形，置于荷叶中间作叶心。

3. 将蒜泥黄瓜、卤牛肉、原味火腿、盐水心里美与盐水西兰花排叠成鹅卵石和小草。

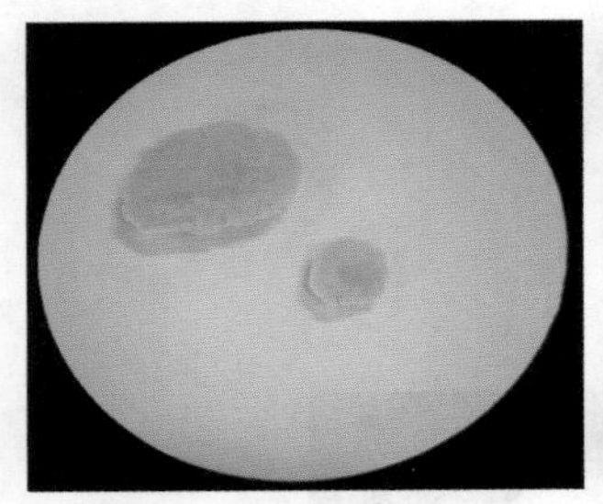 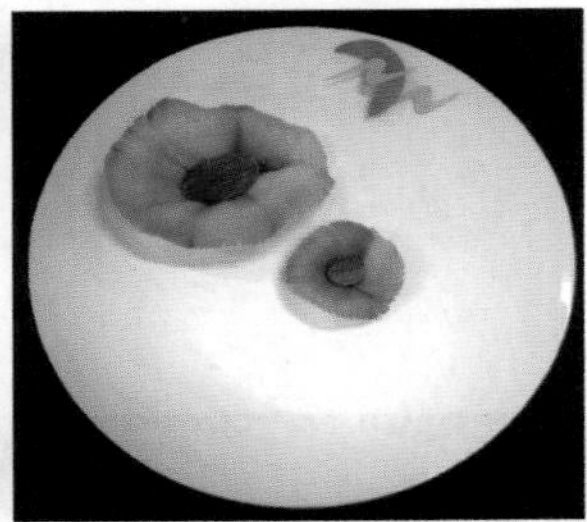 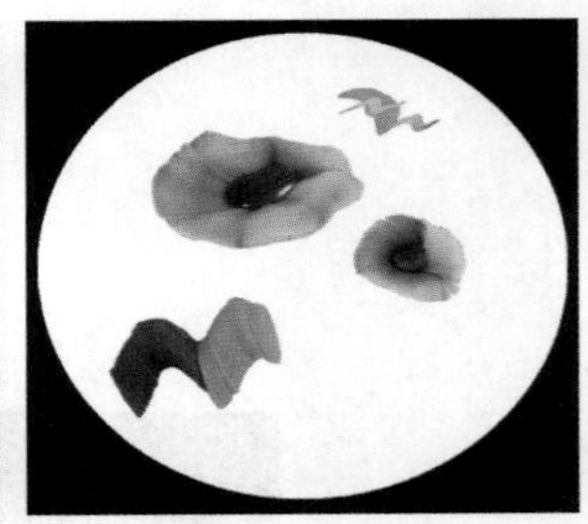

拓展空间

可用此法拼摆芭蕉扇。

小知识——荷塘月色

荷塘月色造型以自然界中的植物——荷叶为题材，使人备感亲切自然。荷叶形状各异，与鹅卵石和小草相得益彰。尤其是荷叶叶面采用了特殊的拼摆技巧，使叶面呈翻卷状，巧妙而又得体，犹如荷叶在微风中轻轻摇摆，增加了画面的动感，使人有身临其境的感觉。碧绿的荷叶摇曳生姿，颇有“接天莲叶无穷碧，映日荷花别样红”的意境。

温馨提示

1. 掌握拼摆荷叶的要领，多练习围叠、排叠等装盘手法。

2. 在拼摆过程中，要熟悉各种原料的结构特点和色彩的运用特点。

3. 可用黄瓜、茄子、胡萝卜、白萝卜、南瓜、心里美萝卜、莴笋等素原料进行切片练习。

模块 19
山水景观造型

知识要点

1. 山水景观：山水景观，是指以山水景物为主，拼摆出的冷盘主题图形。

2. 常用工具：制作山水景观造型冷盘的常用工具有片刀、雕刻刀、砧板、32 寸腰碟、抹布、废料盆。

40

拼盘 象山水月

准备原料

琥珀核桃 500 克、黄瓜 100 克、琼脂 200 克、玉米笋 150 克、鸡脯卷 50 克、酸辣莴笋 50 克、紫菜鱼卷 50 克、糖醋胡萝卜 50 克、白灼海虾 400 克、红腰豆 50 克、蒜味西兰花 100 克、黄蛋糕 50 克、叉烧 100 克、酱口条 50 克、卤牛肉 200 克

技能训练

1. 将琥珀核桃加热后，趁热制作成象鼻山的立体形状，拼摆在盘子上端。将黄瓜切成长条，拼摆出漓江的河床，倒入琼脂浆，成型。待琼脂浆冷却后，把黄瓜条移开不用，将玉米笋切成段，做河床护堤。

2. 把鸡脯卷、酸辣莴笋、紫菜鱼卷、糖醋胡萝卜、红腰豆，分别按从左至右的顺序，由上往下排叠在象鼻山左下方；把蒜味西兰花、白灼海虾堆排在山脚下饰作绿草、小岛。

3. 将白灼海虾、黄蛋糕切成长 2.2 厘米、宽 1 厘米、厚 0.2 厘米的长方形片，从左往右、自上而下依次排叠两层，作漓江右端的假山风景；把蒜味西兰花堆排在山脚下饰作绿树。

4. 将红腰豆、黄蛋糕、叉烧、海虾、酱口条、酸辣莴笋、糖醋胡萝卜、卤牛肉切成长 3 厘米、宽 1.5 厘米、厚 0.2 厘米的长方形片，按以上方法排叠在盘子的左下端作小山。

拓展空间

小技能——拼摆山的常用方法

拼摆山的常用方法主要有两种：一种是用原料排叠而成的平面造型；另一种是用小型的脆硬性的原料，如用核桃仁、腐竹等堆积而成的立体造型。

温馨提示

1. 用黄瓜拼摆河床时，要有一定的弯曲度，以显示漓江的动感。

2. 制作象鼻山时，动作要迅速，否则会影响山体成型。

3. 课后多用黄瓜、茄子、胡萝卜、白萝卜、南瓜等素原料进行切片练习。

4. 拼摆山石时，可用不同色彩的原料。

41

拼盘 南国风光

准备原料

炝黄瓜片100克、火腿100克、虾卷100克、糖醋胡萝卜50克、虾仁100克、叉烧肉100克、紫菜鱼卷50克、炝西兰花100克、西红柿1个、黄蛋糕50克

技能训练

1. 将黄瓜皮切成椰树叶。把火腿切成两个细长形，断刀后推出成两根椰树树干。

2. 用切好的虾卷摆出最高点，再把糖醋胡萝卜、虾仁摆在其下面。把叉烧肉和紫菜鱼卷码在两边，最后用西兰花压边收底。

3. 将糖醋胡萝卜雕刻成椰果，用西红柿作太阳，黄瓜皮作海浪，黄蛋糕粒作沙滩，并将糖醋胡萝卜雕刻成海鸥。

拓展空间

小技能——不同风格山体的拼摆方法

可练习拼摆不同风格的山，以备不时之需。

1. 拼摆山势险峻、气势磅礴类的山时，多将原料修切成长方形、三角形或长梯形，并采用斜平行排叠的手法拼摆。

2. 拼摆绵延柔和、典雅秀丽的山时，多将原料修切成弧曲状，如鸡心形、椭圆形等，或选用呈自然弧曲形的原料。拼摆时，多为层层排叠而成，如神奇的九寨沟风景等。

温馨提示

1. 课外多用素原料练习切片。

2. 课后进一步练习排叠拼摆技能，按照从上往下的顺序，练习排叠装盘的手法和椰树造型。

3. 南国风光的构图应以椰树为中心，要保留适当空间。在拼摆小山时，体积不宜过大，留出一定的空间作海平面。

4. 摆假山时，应善于将原料交叉拼摆，以增强立体感。

5. 装饰物不宜过多，要留白。

模块 20

器物造型

知识要点

1. 器物造型：器物造型，是以器物为造型对象拼摆出的艺术冷盘。

2. 常用工具：器物造型的常用工具有片刀、砧板、24 寸腰碟、抹布、废料盆、雕刻刀。

42

拼盘 锦绣花篮

准备原料

卤豆腐 200 克、糖醋胡萝卜 100 克、蒜蓉黄瓜 150 克、盐水虾 250 克、火腿 100 克、炝莴笋 50 克、盐水心里美 150 克、土豆泥 100 克

技能训练

1. 将土豆泥堆码成花篮初坯。

2. 将炝莴笋、卤豆腐、盐水心里美、火腿切成长 3 厘米、宽 1.5 厘米的长方形片，分别从下往上、由左至右排叠四层作篮身。

3. 将糖醋胡萝卜、盐水虾切片，由下至上，拼摆出篮底。

4. 将蒜蓉黄瓜切片，正反交替错开排，接作篮柄。

5. 将糖醋胡萝卜、盐水心里美穿成花，点缀在花篮上。

拓展空间

小技能——不同花篮的制作

花篮的拼摆形式多样，拼摆手法也各有不同：篮身有方形的、圆形的、菱形的，也有梯形的；造型有平面的，也有半立体的；拼摆形式有从上往下排叠而成的，也有从左往右排叠而成的；原料切制可呈方形，也可呈长方形或椭圆形。

温馨提示

1. 拼摆花篮时刀工要精细、拼摆要整齐、色彩搭配要合理。

2. 拼摆花篮是难点，应先画出花篮，再在拼摆方法和造型特点上多练习。

3. 为节约成本，可用素原料如黄瓜、茄子、胡萝卜、白萝卜、南瓜等替代练习。

4. 点缀花篮的位置要恰当，颜色要协调，点缀花卉的形状、大小要适宜。

43

拼盘 五彩宝扇

准备原料

卤豆腐 200 克、炝黄瓜 1 根、炝莴笋 300 克、火腿 200 克、盐水心里美 100 克、糖醋胡萝卜 250 克、土豆泥 300 克

技能训练

1. 先将土豆泥铺底，铺成长 25 厘米、宽 10 厘米的弧形扇面。

2. 把黄瓜切成长30厘米、宽2厘米、厚2厘米的条状，拼成扇子骨架。

3. 将卤豆腐切成长4厘米、宽2厘米、厚0.2厘米的片状，交错拼叠出第一层扇面。

4. 将炝莴笋切成长3厘米、宽2厘米、厚0.2厘米的片状，拼叠出第二层扇面。

5. 将火腿切成长2.5厘米、宽1.5厘米、厚0.2厘米的片状，拼叠出第三层扇面。

6. 将盐水心里美切成长2厘米、宽1厘米、厚0.2厘米的片状，拼叠出第四层扇面。

7. 将糖醋胡萝卜切成半圆形片状，点缀扇子花边。

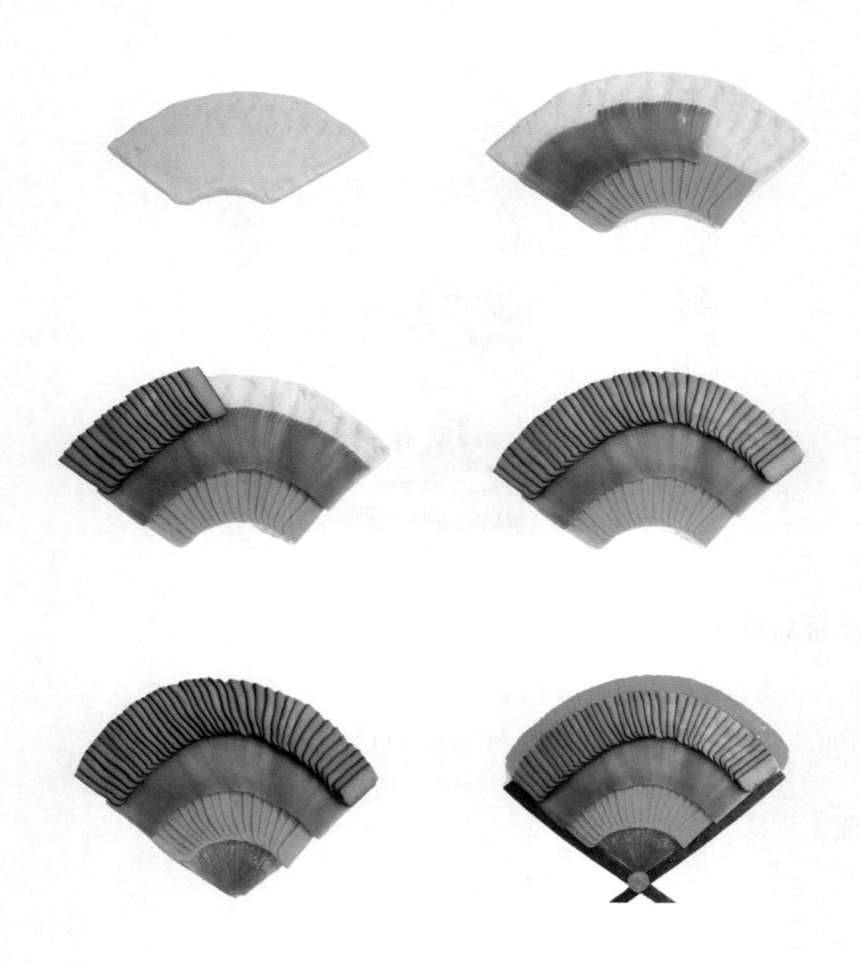

拓展空间

用排叠法可练习拼摆孔雀的尾羽，原料的形状可是半圆形和橄榄形。

温馨提示

1. 加强排叠拼摆技能练习。

2. 可用素原料如黄瓜、茄子、胡萝卜、白萝卜、南瓜、心里美萝卜、莴笋等进行练习。

3. 应合理使用原料，不浪费原料，做到物尽其用。

模块 21

动物造型

知识要点

1. 动物造型：动物造型，是以动物为主要造型对象拼摆出的艺术冷盘。

2. 常用工具：制作动物造型艺术冷盘的常用工具有刀、砧板、32 寸碟、抹布、废料盆、雕刻刀。

44

拼盘 双燕迎春

准备原料

土豆泥 400 克、盐味胡萝卜 400 克、火腿 200 克、盐水心里美萝卜 75 克、鸡汁香菇 50 克、卤鸭舌 200 克、黄蛋糕 300 克、糖醋黄瓜 400 克、炝莴笋 150 克、广式红肠 175 克、香菜 10 克

技能训练

1. 将土豆泥堆码成两只飞燕的初坯。

2. 把盐味胡萝卜刻成长条形，作飞燕尾部的长羽毛（长 8 厘米）；将火腿切成长柳叶形片（长 3 厘米、宽 1 厘米）由下至上排叠作飞燕尾部的短羽毛。

3. 把盐水心里美萝卜切成柳叶片状，交错排叠作飞燕身上的羽毛；把

鸡汁香菇切成椭圆片状，叠作飞燕腹部的羽毛。

4. 将卤鸭舌切成月牙形片状，由外往里排叠作第一层翅羽；将黄蛋糕切成小柳叶形片状，由外往里排叠作第二层翅羽；将糖醋黄瓜切成月牙形片状，同样排叠作第三层羽毛。

5. 将炝莴笋切成羽毛片状，缀作头颈部羽毛；用雕刻刀刻下胡萝卜圆片，饰作眼睛。

6. 把盐味胡萝卜、广式红肠、香菜堆摆成整齐的假山；将黄瓜刻切成细条的柳叶形片状，分别饰作柳枝、柳叶。

拓展空间

小知识——双燕迎春

双燕迎春，取春意盎然之意。它是以两只各具姿态展翅翩飞的飞燕为主景，以寥寥数根飘拂自如的柳丝为衬托，主次分明而又互为映衬，构成了一幅令人遐思的春风得意图。

小技能——其他动物造型

掌握双燕迎春的拼摆技法后，可用此技法拼摆出喜鹊、翠鸟等小型鸟类而创作出喜上枝头、翠鸟欢唱的主题作品。

温馨提示

1. 课后多用黄瓜、茄子、胡萝卜、白萝卜、南瓜、心里美萝卜、莴笋等素原料练习排叠拼摆技能。

2. 拼摆动物造型时，选用的原料要色调淡雅、清新，取材合理、疏密适度，荤素并用，类型多样，食用性强。

3. 根据构图能力分步骤进行“双燕迎春”的构图。

4. 在拼摆“双燕迎春”时，应分解示范飞燕的身体结构和羽毛的特点，指导学生理解“先大后小”的原则。

拼摆
雄鸡报晓

45

拼盘 雄鸡报晓

准备原料

盐水鸡350克、醉冬笋500克、白蛋糕50克、番茄1个、泡甜椒1个、

泡黄瓜 50 克、腌熏鸭脯 50 克、花椒牛肉 100 克、泡西兰花 100 克、桂花蹄丝冻 250 克

技能训练

1. 取 32 寸圆碟作盛器。将盐水鸡切成丝，垫在圆碟右上方 2/3 位置处。

2. 将冬笋切成柳叶片状，盖面，从尾部起逐一重叠。另在尾翼与鸡身的连接部位依次将用冬笋切成的月牙片排叠。

拼摆时，先摆鸡的右腿，再盖鸡的腹边，然后在腹边摆出鸡的左腿，呈现出上、中、下三个层次的鸡身雏形。接下来，从尾部向颈部方向排叠盖面。在左腿面上摆出翅膀收口于颈部，颈及其与头部连接处需呈圆弧形拼摆，这样，雄鸡报晓才有神韵。用白蛋糕刻出鸡的双爪，将番茄切片做太阳，用白蛋糕刻两条白云，用泡甜椒刻鸡冠和嘴，安上鸡冠、鸡嘴、鸡爪。

3. 取泡黄瓜皮，雕刻双线字——天下，然后将此字字样取出，安放于一条长 8 厘米、宽 3.3 厘米的白蛋糕片上，放入碟子左上角。在雄鸡下方的适当位置处，用腌熏鸭脯、花椒牛肉、泡西兰花、桂花蹄丝冻等原料拼摆出假山即可。

拓展空间

小知识——如何给雄鸡配色

怎样才能使艺术拼盘——雄鸡报晓的色彩完美无缺呢？清代画家方熏指出:“设色不以深浅为难，难于画色相和，和则神气生动，否则形迹宛

然，画无生气。”制作“雄鸡报晓”只有将整体色彩效果调和了，才能给人以和谐的美感。根据自己的观察，可自行运用不同的原料色彩来拼摆。

小技能——锦鸡

掌握雄鸡报晓的拼摆技巧后，可用此法拼摆锦鸡、寿带鸟等。

温馨提示

1. 拼摆“雄鸡报晓”时，要抓住公鸡生动有力、尾羽张扬、头冠鲜红、精神抖擞的特点和神韵反复进行拼摆练习。

2. 可用黄瓜、茄子、胡萝卜、白萝卜、南瓜、心里美萝卜、莴笋等素原料练习。

3. 给鸡身垫底时要呈 S 形，分尾、腿、翅膀三层。

4. 课后进一步练习排叠拼摆技能和雕刻技能。

5. 根据构图能力分步骤进行“雄鸡报晓”的构图。

6. 把握雄鸡的神韵学会运用色彩。

拼摆
雄鹰展翅

46

拼盘 雄鹰展翅

准备原料

土豆泥 400 克、黄瓜 800 克、五香猪舌 350 克、盐水莴笋 600 克、芋头 250 克、叉烧 300 克、紫菜鱼卷 150 克、蚝油素鸡 150 克、鸡汁西兰花 500 克、广式红肠 300 克、黄蛋糕 50 克、番茄 1 个、相思豆 1 颗

技能训练

1. 用土豆泥堆成雄鹰的初坯（颈、身、翅、尾），翅脊略高。

2. 将黄瓜切成 12 片长 7 厘米、宽 3 厘米、厚 0.2 厘米的片状，用雕刻刀刻 12 条柳叶外羽。将五香猪舌切成长 5 厘米、宽 2.5 厘米的柳叶形。将 6 片尖形黄瓜片依次排叠好，用刀铲起盖于初坯尾端。将柳叶猪舌片盖在坯尾上，成两层尾羽，与鹰身相连。在翅翼坯上，按由高向低的顺序，将刻好的猪舌柳叶片和黄瓜柳叶片按先大后小的顺序有层次地覆盖至翅脊。拼摆翅羽后一层和前一层要“错位”共拼摆三层。颈部羽毛及脚毛用小件盐水莴笋拼摆。身、颈、头均用“错位”拼摆方法摆完。

3. 根据头、爪的比例，用芋头雕刻出鹰头和鹰爪，经油炸后装入老鹰身体中。

4. 把黄瓜、叉烧、紫菜鱼卷、蚝油素鸡、鸡汁西兰花、广式红肠拼摆成山石。把黄蛋糕雕刻成蟒蛇，安放在山石左端。鹰上端用番茄摆出“红太阳”，刷上香油。用相思豆饰作鹰眼即可。

拓展空间

小知识——雄鹰展翅

“雄鹰展翅”中的老鹰造型，色彩自然丰富，构图寓意深远、主次分明、虚实得当，展示了天高地阔、前程远大的意境，是冷盘造型中常用的题材。

小技能——延年益寿

可用大鹏展翅的技法拼摆仙鹤、海鸥等大型飞鸟，拼摆出延年益寿、海鸥翱翔的主题作品。

温馨提示

1. 进行原料加工和使用用具时，应保证操作卫生，养成良好的操作习惯和职业道德。

2. 垫底时，注意合理搭配老鹰的身形和翅膀的比例。

3. 反复练习“排叠”“错位”等装盘手法，可用素原料如白萝卜、黄瓜、莴笋等进行练习。

4. 理解、运用“先尾后身”的拼摆原则。

5. 宜用长方形盘，以便留出空间更好地表现雄鹰展翅高飞的效果。

6. 多练习雕刻鹰嘴、鹰爪。

模块 22

多碟组合造型

知识要点

1. 多碟组合造型：多碟组合造型，是根据作品主题需要选用多个碟子组合而成的艺术冷盘。

2. 常用工具：多碟组合造型常用的工具有刀、砧板、大小圆碟、抹布、废料盆、雕刻刀。

47

拼盘 蝶恋戏花

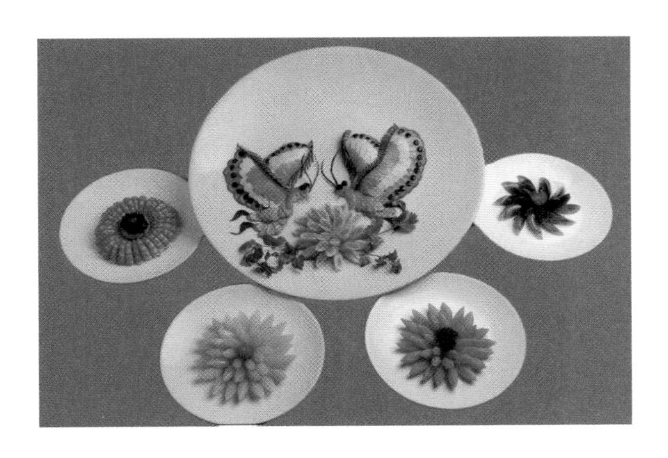

准备原料

土豆泥 100 克、广式红肠 250 克、黄蛋糕 200 克、盐水胡萝卜（加工成橄榄状）500 克、糖醋黄瓜 200、白灼海虾 500 克、早餐肠 100 克、蒜味皮蛋 200 克、鸡汁莴笋（加工成橄榄状）300 克、炝西兰花 50 克、圣女果 2 颗、香菜 10 克、白萝卜 300 克

技能训练

1. 将土豆泥堆码成四瓣猪腰形。

2. 把广式红肠、黄蛋糕、盐水胡萝卜均切成长3厘米、厚0.2厘米的雨滴形，由外向内拼摆蝴蝶的翅膀。最后将糖醋黄瓜切片，用于两对翅膀的收边。选用白灼海虾两只，去头尾，拼摆作蝴蝶的身体。

3. 将早餐肠切片，排叠出蝴蝶的两对小翅膀。用糖醋黄瓜皮刻画出蝴蝶的眼睛、胡须、飘羽。

4. 把蒜味皮蛋、鸡汁莴笋、白灼海虾、盐水胡萝卜拼摆出四朵花形拼盘，用炝西兰花、圣女果点缀花心。

5. 把白萝卜片成薄片，将盐水胡萝卜切成细丝，然后用白萝卜包卷起胡萝卜细丝，将卷切成2厘米长的段，拼出菊花形状，拼摆在两只蝴蝶的下端，用香菜点缀。

6. 将拼摆好的蝴蝶和四朵花式拼盘组合到一起，刷上香油即成。

拓展空间

小知识——蝴蝶

蝴蝶是冷盘构图中常用的造型题材之一。世界上的蝴蝶多达数千种，其斑斓的色彩、玲珑的体形和优美的舞姿，十分惹人喜爱。其翅膀和身段都呈弧形，拼摆出来极为优美。

温馨提示

1. 垫底时，要掌握好蝴蝶翅膀的比例关系与形状特点。

2. 刀工处理要精细，色彩搭配要协调。

3. 掌握蝴蝶构图的完整性，通过观察蝴蝶标本来了解蝴蝶的结构特点。

48

拼盘 百鸟朝凤

准备原料

葱油鸡丝 100 克、盐水胡萝卜 500 克、鸡汁心里美萝卜 80 克、奶黄瓜500克、四川红泡椒200克、黄蛋糕200克、广式红肠200克、番茄1个、相思豆 1 颗、叉烧 200 克、紫菜鱼卷 200 克、蒜味西兰花 100 克、白蛋糕 100 克、三鲜山药泥 400 克、鸡汁卤猪舌 200 克、醋泡莴笋 80 克、酱猪肝 200 克、麻辣鸡肫 100 克、葱椒皮松 300 克、五香牛肉 100 克、油炸芋头 50 克、蚝油香菇 100 克

技能训练

（一）凤凰

1. 粗坯：将葱油鸡丝码成凤凰的初坯。

2. 长尾：将盐水胡萝卜、鸡汁心里美萝卜、奶黄瓜切成半圆形片，分别从后往前叠作三根长尾。

3. 身部：将奶黄瓜、四川红泡椒、黄蛋糕切成柳叶形片，依次自下往上排叠作身部羽毛。

4. 翅膀：将广式红肠、黄蛋糕切成柳叶形片，将奶黄瓜切成半圆形片，依次从下而上排叠三层作翅膀。

5. 颈头部：将番茄、盐水胡萝卜切成长柳叶形片，相间排叠作凤凰的颈部和头部羽毛；将黄蛋糕刻作凤凰的嘴和冠，将相思豆饰作眼睛，将盐水胡萝卜切片刻爪，用番茄刻三个爱心形作凤凰的尾羽翎。

6. 假山：将广式红肠、叉烧、紫菜鱼卷、盐水胡萝卜切成圆片，拼摆出假山形状，用蒜味西兰花点缀其间；将番茄切半作太阳，白蛋糕作白云。

（二）百鸟围碟

1. 将三鲜山药泥码成公鸡的初坯。把卤猪舌、盐水胡萝卜斜批成片，从盘子上方往下排叠作公鸡的尾羽；将醋泡莴笋、鸡汁心里美萝卜、酱猪肝切成柳叶形片，依次从作品尾部往前排叠成公鸡的腹部、背部、翅膀、颈和头部羽毛；用奶黄瓜皮饰作眼睛，盐水胡萝卜刻作冠、爪和嘴部；用麻辣鸡肫、奶黄瓜、盐水胡萝卜作假山。

2. 将葱椒皮松码成锦鸡的初坯。把奶黄瓜皮切成 5 条长柳叶条形片，从盘子下方往上排叠成五根锦鸡尾部的长羽；将鸡汁卤猪舌、心里美萝卜、白蛋糕、番茄切成柳叶形片，依次由作品尾部往前排叠成锦鸡的身部、颈部和头部羽毛；用奶黄瓜皮刻成冠、眼睛、嘴部，将盐水胡萝卜切片刻爪；用广式红肠、醋泡莴笋、紫菜鱼卷拼摆假山，将蒜味西兰花点缀其间。

3. 用葱椒皮松码作竹鸡的初坯。将酱猪肝切成长柳叶形片，排叠作竹鸡尾部的两条长羽毛；将醋泡莴笋切成柳叶片，排叠成竹鸡腹部的羽毛；将五香牛肉切成柳叶形片，排叠成翅羽毛；将盐水胡萝卜切成柳叶形片，排叠成竹鸡的颈部和头部羽毛；将奶黄瓜皮刻作嘴、爪、冠和青竹。

4. 用三鲜山药泥码成仙鹤的初坯。将鸡汁卤猪舌切成小柳叶形片，排叠出仙鹤的尾羽；将盐水胡萝卜、醋泡莴笋切成柳叶形片，依次从作品尾部往前排叠成鹤的身体和翅膀；将盐水胡萝卜刻作腿部，奶黄瓜皮刻作眼睛，四川红泡椒刻作冠顶，卤猪舌作嘴；将蓑衣黄瓜捻开作松叶，五香牛肉作树枝。

5. 用三鲜山药泥堆成喜鹊的初坯。将五香牛肉切成长方形片，摆作喜鹊尾部的长羽；将盐水胡萝卜、五香牛肉、黄蛋糕、卤猪舌切成柳叶形片，依次从作品尾部往前排叠成喜鹊的身体和头颈；将炝黄瓜皮刻成嘴部，油炸芋头刻爪，盐水胡萝卜作眼睛；用蚝油香菇作树枝，将黄蛋糕雕刻成 6 朵梅花。

（三）组合

以凤凰拼盘为中心，将公鸡、锦鸡、竹鸡、仙鹤、喜鹊拼盘组合到一起，刷上香油即成“百鸟朝凤”。

拓展空间

小技能——凤凰围碟

此造型以凤凰为主拼，以五种鸟作围碟，宛如一幅形神兼备、形象灵动的百鸟图画卷，给人以和美欢乐之感。在造型上，可以区分凤凰和围碟的鸟类设计出不同的图案，来进行拼摆。

温馨提示

1. 拼摆时，凤凰和各种鸟的形态要逼真。

2. 所用原料应荤素搭配，类型多样，可口，色彩要交叉分明。

3. 反复练习凤凰、仙鹤、公鸡、竹鸡、喜鹊和锦鸡的装盘手法。

4. 可用素原料代替练习，如白萝卜、胡萝卜、茄子、黄瓜、心里美萝卜、南瓜、红菜椒等。

5. 合理使用原料，做到物尽其用，杜绝浪费。

6. 色彩搭配要美观，在原料色彩的使用上要求多变。

后　记

《冷菜制作与艺术拼盘》第1版教材由桂林市旅游职业中等专业学校周煜翔、李卫星、叶剑、张哲在2008年首版《冷菜制作与艺术拼盘教与学》的基础上修改编写，由周煜翔任主编，李卫星、叶剑、张哲任副主编。冷菜由李卫星、叶剑制作，艺术冷盘由周煜翔设计制作，书中插图由周煜翔设计并拍摄，张哲对稿件进行了编辑和校对。

《冷菜制作与艺术拼盘》第2版教材由原班人马修订完成，主要根据冷菜烹饪方法的变化、酱汁的调配、创意艺术拼盘的制作，精选了西芹凤尾、酱香萝卜片、白斩鸡、猪皮冻、脆皮乳鸽5道冷菜，以及黄瓜塔、雄鸡报晓、雄鹰展翅3道拼盘，拍摄制作了8个教学视频，内容涉及中餐冷菜的切配粗加工及制作过程。

《冷菜制作与艺术拼盘》第3版教材由桂林市旅游职业中等专业学校周煜翔主持修订。原班人马负责编写每篇的“本篇导读”及新增的专业基础知识和技能技法；旅游教育出版社景晓莉负责编写第2版出版说明，并对彩色插图进行了修图和整理工作；文前的“教学及考核建议”参考了桂林市旅游职业中等专业学校蒋湘林老师主编的同系列教材《西式面点制作》；思政教学资源由贵州水利水电职业技术学院栾鹤龙提供。

教材的编写是一个不断完善的过程，恭请各位专家对本教材批评指正。

作者

2023年6月